中国西部
生态文明发展报告
2019

中国生态文明研究与促进会
中国西部生态文明发展报告编委会　编

中国环境出版集团・北京

图书在版编目（CIP）数据

中国西部生态文明发展报告. 2019 / 中国生态文明研究与促进会，中国西部生态文明发展报告编委会编. —北京：中国环境出版集团，2021.9

ISBN 978-7-5111-4881-0

Ⅰ. ①中… Ⅱ. ①中…②中… Ⅲ. ①生态文明—建设—研究报告—西北地区—2019②生态文明—建设—研究报告—西南地区—2019 Ⅳ. ①X321.2

中国版本图书馆 CIP 数据核字（2021）第 186549 号

出 版 人 武德凯
责任编辑 殷玉婷 沈 建
责任校对 任 丽
封面设计 艺友设计

出版发行 中国环境出版集团
（100062 北京市东城区广渠门内大街 16 号）
网 址：http://www.cesp.com.cn
电子邮箱：bjgl@cesp.com.cn
联系电话：010-67112765（编辑管理部）
发行热线：010-67125803，010-67113405（传真）
印 刷 北京市联华印刷厂
经 销 各地新华书店
版 次 2021 年 9 月第 1 版
印 次 2021 年 9 月第 1 次印刷
开 本 787×960 1/16
印 张 11.75
字 数 200 千字
定 价 59.00 元

编　委　会

序

党的十八大以来，在以习近平同志为核心的党中央的坚强领导下，西部地区经济社会发展取得了重大历史性成就，既为决胜全面建成小康社会奠定了坚实的基础，也扩展了国家发展的战略回旋空间。但同时，西部地区发展不平衡、不充分的问题依然突出，西部地区与东部地区发展差距依然较大，维护民族团结、社会稳定、国家安全的任务依然繁重，仍然是实现社会主义现代化的短板和薄弱环节。新时代继续做好西部大开发工作，对于增强防范、化解各类风险能力，促进区域协调发展，开启全面建设社会主义现代化国家新征程，具有重要现实意义和深远历史意义。

《中共中央关于制定国民经济和社会发展第十四个五年规划和二〇三五年远景目标的建议》中明确指出，“十四五”期间要继续统筹推进经济建设、政治建设、文化建设、社会建设、生态文明建设的总体布局，坚定不移地贯彻“创新、协调、绿色、开放、共享”的新发展理念。坚持“绿水青山就是金山银山”理念，坚持尊重自然、顺应自然、保护自然，坚持节约优先、保护优先、自然恢复为主，守住自然生态安全边界。深入实施可持续发展战略，完善生态文明领域统筹协调机制，构建生态文明体系，促进经济社会发展全面绿色转型，建设人与自然和谐共生的现代化。

进一步推动中国西部生态文明建设，必须坚决贯彻落实习近平生态文明思想，坚持“绿水青山就是金山银山”理念，进一步优化国土空间开发保护格局，巩固生产生活方式绿色转型成效，推动能源资源配置更加合理、利用效率大幅提高，主要污染物排放总量持续减少，生态环境持续改善，生态安全屏障更加牢固，城乡人居环境得到明显改善。

2016 年以来，中国生态文明研究与促进会联合西北农林科技大学、北京林业大学、生态环境部华南环境科学研究所等单位共同开展了《中国西部生态文明发展报告》（以下简称《报告》）的编制工作，目前已完成了两本《报告》。从内容上看，《报告》中既有理论探讨，也有数据分析，还有实践案例；从覆盖范围来讲，《报告》中包括了对西部地区 12 个省（自治区、直辖市）生态文明状况的概括和分析；在指标体系的建立上，《报告》力求创建符合西部地区特点的全新指标评价体系。课题组编制《报告》的目的是希望通过开展西部地区生态文明建设状况、态势、成果和经验的调查、评价和研究，为决策者、研究者和广大一线工作者进一步推进西部地区生态文明建设提供依据和参考，这也是中国生态文明研究与促进会履行推进西部生态文明建设职责的一项具体举措。

课题组在编制《中国西部生态文明发展报告2019》的过程中，从建立体现西部地区生态文明建设特点的考核评价体系这一目标定位出发，研究了西部地区生态文明建设任务、要求和路径选择上的普遍性与独特性，通过进一步细化、落实，把资源消耗、环境损害、生态效益等指标纳入西部经济社会发展评价体系；探索构建能反映纵向动态变化和横向空间差异的生态文明评价指标体系；以区域综述和专题报告等形式，集中反映并分析了西部地区各省（自治区、直辖市）生态文明发展状况，对生态文明建设中存在的一些突出问题、优势、劣势、机遇和挑战做了重点分析：

一是对西部地区生态文明建设总体状况及12个省（自治区、直辖市）各自的情况进行了客观评估和分析，针对西部地区在生态文明建设过程中存在的问题和面临的挑战，提出了相应的对策和建议。

二是通过构建西部生态文明建设评价指标体系，对西部地区与全国平均水平及东部地区、各省（自治区、直辖市）之间进行了对比分析。该指标体系分为生态空间、生态经济、生态环境、生态生活、生态文化、生态制度六大类二级指标和大气环境质量、地表水体质量、生态保护与治理投资等22个三级指标。本书还计算了西部地区及西部各省（自治区、直辖市）生态文明建设进步指数，反映了西部地区近年来在生态文明建设方面取得的进步情况。

三是通过对西部典型地区生态文明建设案例的剖析，总结西部地区在贯彻落实习近平生态文明思想，运用"绿水青山就是金山银山"理念，推动生态文明建设中取得的进展和经验，为全国各地的生态文明建设工作提供参考和借鉴。

在此需要特别说明的是，本书是编写组基于公开统计数据的分析和研究，不是生态文明建设绩效和水平评估，也不代表官方的评判意见。各省（自治区、直辖市）都有各自的优势和不足，可以相互学习和借鉴。

《中国西部生态文明发展报告2019》是这个系列的第二本书。《中国西部生态文明发展报告2017》得到了许多专家和学者的初步认可，也提出了很好的意见和建议。对这些意见和建议我们也做了吸收和改进。我们深知，本书在内容和结构上还存在一些不足，还有很大的提升空间，衷心希望读者提出更多宝贵意见，以便修改完善，进一步提高报告质量。西部地区生态文明建设需要社会各方面的共同努力，西部地区生态文明建设研究课题也需要多方参与，持续开展。相信这部凝聚着大家智慧和心血的《报告》将为推进西部地区生态文明建设发挥积极作用。

本书在编写过程中遇到了一些困难，但在西北农林科技大学、北京林业大学、生态环境部华南环境科学研究所和中国生态文明研究与促进会内外专家的共同努力下，我们克服困难，最终完成了本书的编写工作。在此，中国生态文明研究与促进会对所有为本书编写做出贡献的人表示由衷的感谢，衷心希望大家能继续合作，持续地把这个系列的报告做下去、做成品牌，为促进西部生态文明建设奉献自己的绵薄之力。

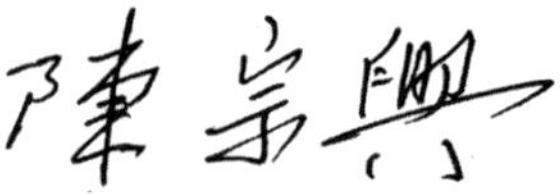

十一届全国政协副主席、中国生态文明研究与促进会会长

目　录

第一篇　西部地区生态文明发展报告

第一篇

西部地区生态文明发展报告

第 1 章　西部地区生态文明建设成效

中华人民共和国成立以来，特别是改革开放及党的十八大以来，我国经济社会快速发展，综合国力与日俱增，国际地位和影响力显著增强。2018 年，我国国内生产总值达到 919 281 亿元[①]，占世界经济比重接近 16%，人均国民总收入达到 9 732 美元，高于中等收入国家水平。区域经济持续保持快速发展，1979—2018 年东部、中部、西部和东北地区生产总值分别年均增长 11.3%、10.3%、10.3%和 8.9%[②]。然而，过去粗放的发展方式导致资源环境过度消耗、生态系统严重退化，生态安全问题日益严峻。党的十八大首次将生态文明写入党章，把生态文明建设纳入中国特色社会主义事业“五位一体”总布局的战略决策，并强调将生态文明建设放在突出地位；2015 年党中央、国务院先后印发了《关于加快推进生态文明建设的意见》《生态文明体制改革总体方案》，强调要加快建立生态文明制度体系；2018 年生态文明被首次写入宪法，以国家根本法的形式进一步明确和巩固了生态文明建设的重要地位。一系列重大战略举措、方针政策和法律制度的发布推行，有力地促进了生态优先、绿色发展等理念的全面贯彻，使生态文明建设成为各行业、各领域积极探索和不断实践的国家大事。西部地区作为国家重要的生态安全屏障，承担着极为重要的生态文明建设责任。西部大开发战略实施以来，西部生态环境建设在树立生态保护优先理念、实施重点生态工程和民生改善等方面取得了历史性成就，为保障国家生态安全起到了积极作用。随着我国进入全面建成小康社会的决定性阶段，西部地区将面临生态文明建设和致富的矛盾突出、产业转移环境

---

① 数据来源：2019 年 11 月 22 日国家统计局发布的《国家统计局关于修订 2018 年国内生产总值数据的公告》。

② 国家统计局. 重大战略扎实推进区域发展成效显著——新中国成立 70 周年经济社会发展成就系列报告之十八[EB/OL]. http：//www.stats.gov.cn/tjsj/zxfb/201908/t20190819_1691881.html，2019-08-19/2019-11-01.

风险管控能力薄弱和人居环境依然落后等多种复杂性挑战。当然，在面对重大挑战的同时，西部地区也迎来了前所未有的发展机遇期。“绿色发展”“一带一路”倡议、生态安全、乡村振兴等国家重大战略的全面落实，将有力推动西部地区形成生态文明建设新格局。

1.1 西部地区生态文明建设的历史性成就

1.1.1 生态保护优先理念逐步确立，生态安全屏障构筑成效明显

西部地区是国家重要的生态安全屏障，是我国“两屏三带”生态安全战略格局的重要组成部分，其自然条件恶劣，生态环境极为脆弱。这也决定了生态保护优先是西部生态文明建设的基本理念和重要前提。

中国生态环境建设取得了阶段性成就。西部地区实现了由传统的“大开发”向“大保护”的转变，经历了以牺牲生态环境为代价来发展经济，到边污染边治理再到生态保护优先的曲折变化。2016 年 8 月，习近平总书记在青海省视察时，做出了“青海最大的价值在生态、最大的责任在生态、最大的潜力也在生态”的重要指示，强调了西部地区筑牢国家生态屏障的重要意义，同时提出“坚持生态保护优先理念，扎扎实实推进生态环境保护”的工作要求。

党的十九大报告提出要“像对待生命一样对待生态环境”，进一步强化了西部各省（自治区、直辖市）以生态保护优先为基本理念推动经济发展的重要性。目前，“长江上游生态屏障”成效显著，三江源千湖美景再现，三北防护林构筑的“绿色版图”持续推进，以国家公园为主体的自然保护地建设取得显著成就，西部地区作为国家生态安全屏障的地位日益巩固。

1.1.2 基础设施建设稳步推进，重点生态修复工程取得突破

基础设施建设滞后是西部地区发展的短板，自中央提出实施西部大开发战略以来，国家先后出台了多项支持政策，西部基础设施建设取得了显著进展。

西部大开发“十一五”规划提出建设“五纵七横”国道主干线西部地区路段和西部开发 8 条主干线公路。目前西部地区陆续完成“油路到乡”和“公路到村”

建设工程。西部大开发“十二五”规划推出油气管网重点工程建设，着力推进西部地区电力交换枢纽建设。2017 年，《西部大开发“十三五”规划》提出了构建“五横四纵四出境”综合运输大通道。川藏铁路作为国家“十三五”规划重点铁路工程项目之一，总投资达 2 700 亿元。

截至 2018 年，西部地区基础设施建设取得突破性进展，服务保障能力全面增强。铁路运营里程达到 5.4 万千米，其中，高速铁路达 7 618 千米。兰新铁路第二双线、兰渝铁路、西成高铁等一批重要交通干线相继投入运营，川藏铁路成雅段进入竣工期。高速公路通车里程突破 5 万千米。民用运输机场数量达 114 个，约占全国民用运输机场总数的 50%[①]。随着西气东输、西电东送等一批具有重要影响的能源工程相继竣工，最后一批无电人口用电问题得到有效解决。金沙江梯级水电站以及广西百色、四川紫坪铺等一批大型水利枢纽建成并发挥效益。新一代信息基础设施建设顺利推进，移动互联网覆盖面不断扩大。

2019 年 2 月，国家发展改革委发布的《2018 年全国固定资产投资发展趋势监测报告及 2019 年投资形势展望》中显示，西部地区基础设施拟建项目同比增长 17.6%，增速在四大分区中位居第一。在此基础上，西部各地区发展潜力和后发优势正不断释放。

西部地区基础设施的不断改善，为实施重点生态工程项目提供了基础性保障。“十五”以来，我国以西部地区为重点先后实施了一批典型生态保护和恢复技术研究与工程示范，为深入实施西部大开发战略、建设国家生态安全屏障、促进区域可持续发展提供了重要科技支撑。西部地区退耕还林还草、天然林保护、沙漠化和石漠化治理、重点流域水污染防治等一批重点生态工程稳步推进。2017 年西部地区完成新一轮退耕还林面积 108 万公顷，占当年全国退耕还林面积的 89%[②]，2018 年西部地区归一化植被指数（NDVI）平均值达到 0.48，森林覆盖率和草原植被覆盖度实现“双提高”，荒漠化和沙地化治理工程取得重要进展，实现由“沙进人退”到“绿进沙退”的历史性转变。森林、草原、湿地、水域等重要生态系

① 国家发展改革委举行新闻发布会介绍西部大开发进展情况[EB/OL]. http://www.ndrc.gov.cn/gzdt/201808/t20180830_896950.html，2018-08-30/2019-11-01.

② 数据来源：《中国环境统计年鉴 2018》。

统得到有效保护和恢复，主要污染物排放总量大幅减少，西部各省（自治区、直辖市）生态环境日益好转。

1.1.3　主体功能区规划定位明确，生态空间领域优势不断显现

按照国家主体功能区的规划，西部各省（自治区、直辖市）逐步推动形成了主体功能定位明确、城乡和区域协调发展、人与自然和谐相处的空间开发新格局，促进了人口、经济和环境均衡发展与布局，凸显具有西部特色的生态空间领域优势。

2013 年，国家发展改革委发布了《西部地区重点生态区综合治理规划纲要（2012—2020 年）》，其规划范围包括西北草原荒漠化防治区、黄土高原水土保持区、青藏高原江河水源涵养区、西南石漠化防治区、重要森林生态功能区五大重点生态区，共计西部地区 574 个县级行政区及新疆生产建设兵团所属相关团场，总面积约 400 万平方千米。

西部地区对划为限制开发区域的重要水源涵养区和水源补给区、天然林保护及生态多样性丰富地区以及水土流失严重、沙漠化、石漠化等生态脆弱区域，以“保护优先、适度开发”为原则，发展当地资源环境可承载的特色产业。对被划为禁止开发的区域，严格控制人为因素对自然生态的干扰，依据法律法规和相关规划实行强制性保护。2017 年，西部地区自然保护区的数量达到 993 个，面积达到 1.2 亿公顷，占全国自然保护区总面积的 81.7%[①]。截至 2018 年，我国在西部地区设立了 37 个生态文明先行示范区。

1.1.4　由规模减贫向精准脱贫迈进，生产生活环境持续改善

西部地区是我国脱贫攻坚的主战场之一，是推动区域协调发展、共同发展的关键所在。党的十八大以来，西部地区脱贫工作已从注重全面推进帮扶向更加注重深度贫困地区攻坚转变，从注重减贫进度向更加注重脱贫质量转变。西部地区农村贫困人口由 2012 年年末的 5 086 万人减少到 2018 年年末的 916 万人，累计减少 4 170 万人，下降幅度为 82.0%；农村贫困发生率由 2012 年年末的 17.6%下

① 数据来源：《中国环境统计年鉴 2018》。

降到 2018 年年末的 3.2%，累计下降 14.4 个百分点[①]。2017 年城镇和农村居民人均可支配收入分别达到 3.1 万元和 1.1 万元，是 2013 年的 1.38 倍和 1.46 倍，年均增长超过 10%。国家西部地区“两基”攻坚计划（2004—2007 年）[②]如期完成，“两基”人口覆盖率达 100%。西部 12 省（自治区、直辖市）的医疗卫生机构数达到 30.2 万个，农村三级卫生机构建设稳步推进，新型农村合作医疗制度参合率明显提高。社会保障覆盖面不断扩大，覆盖城乡的社会保障体系初步建立。西部农村基础设施建设不断加强，2017 年农业有效灌溉面积达到 1 990.4 万公顷，比 1990 年增加了 56.9%，农业生产环境改善，粮食、油料作物等生产能力持续提升（表 1-1）。

表 1-1　西部大开发 12 省（自治区、直辖市）农村基础设施建设和主要农作物产量情况

指　标	1990 年	2000 年	2010 年	2016 年	2017 年
一、乡村办水电站/个	17 623	10 381	13 137	14 838	14 889
装机容量/万 kW	138.4	179.4	2 755.4	4 132.5	4 225.8
发电量/（亿 kW·h）	—	63.5	968.0	1 381.9	1 444.7
二、农村用电量/（亿 kW·h）	145.7	331.5	652.2	911.1	968.7
三、耕地灌溉面积/10^3 hm^2	12 685.9	15 174.6	17 747.3	19 699.2	19 903.7
四、农用机械					
总动力合计/万 kW	5 906.2	10 706.6	21 318.5	26 228.2	27 121.5
五、主要农作物产量					
粮食作物/万 t	11 168.3	12 896.3	14 607.7	16 822.8	16 643.6
油料作物/万 t	433.3	671.3	876.6	1 132.0	1 147.6

数据来源：《中国农村统计年鉴 2018》。

① 国家统计局. 扶贫开发持续强力推进脱贫攻坚取得历史性重大成就——新中国成立 70 周年经济社会发展成就系列报告之十五[EB/OL]. http：//www.stats.gov.cn/tjsj/zxfb/201908/t20190812_1690526.html，2018-08-12/2019-11-01.

② 为贯彻落实《国务院关于进一步加强农村教育工作的决定》（国发〔2003〕19 号），进一步推进西部大开发战略，实现西部地区基本普及九年义务教育、基本扫除青壮年文盲（以下简称“两基”）目标，特制订《国家西部地区“两基”攻坚计划（2004—2007 年）》。

1.2 加快西部地区生态文明建设的重要意义

1.2.1 西部地区将进一步巩固和扩大国家生态安全屏障建设成果

建设生态文明是中华民族永续发展的千年大计，国家生态安全屏障建设是战略性工作，是我们世世代代要做的事情。西部大开发“十三五”规划中进一步强调了筑牢国家生态安全屏障的重要性，明确要坚定不移地实施主体功能区制度、加大自然生态系统和环境保护力度。

西部各省（自治区、直辖市）正积极抓住国家深入实施西部大开发战略、乡村振兴、“一带一路”倡议和主体功能区战略等重大机遇，进一步突出生态保护与建设的重要地位，主要从以下几个方面展开：一是继续以生态保护优先、富民为本、绿色发展引领的基本原则，在西部大开发“十二五”生态安全建设的基础上，加快重点生态保护与恢复工程建设，开展新一轮退耕还林还草工程、自然保护区体系建设工程、濒危野生动植物抢救性保护工程和祁连山生态保护与综合治理工程等重点生态工程，提高农区和绿洲防护林体系综合防护功能；二是继续完善森林、草原、湿地、荒漠、水流、耕地等领域生态补偿机制，并探索跨省（自治区、直辖市）生态补偿协调机制，进一步落实西部作为国家重要生态安全屏障区域功能定位，全面提升各类生态系统服务功能；三是加快建设绿色生态廊道，筑牢长江上游重要生态屏障，加大黄河各区段、河流湖泊和重点区域等生态环境综合治理工程，深入开展农村环境综合整治；四是实行资源有偿使用制度，探索生态环境保护市场化机制，推动开展能权、碳排放权等交易试点，逐步实现环境污染的第三方治理。

1.2.2 西部地区生态文明建设将由“跟跑”成长为新“领跑”先行区

西部地区生态文明建设的任务比其他地区更为复杂和艰巨，这也决定了西部地区必须探索出一条独特的、适宜当地生态环境条件和经济发展状况的生态文明建设之路。党的十八大以来，西部地区先后获批了 37 个全国生态文明先行示范区，贵州省被纳入首批国家生态文明试验区，肩负着探索并完善生态文明制度体系发展路径的重任。

作为生态文明试验区，贵州省将“发展绿色经济、建造绿色家园、完善绿色制度、筑牢绿色屏障、培育绿色文化”5 个绿色理念融入全省经济社会发展的方方面面，率先在全国省级层面成立公、检、法、司配套的生态环境保护司法专门机构，陆续开展了环境保护河长制、生态环境第三方治理等 12 项改革试点工作，为国家生态文明建设积累了重要经验。享有“中华水塔”美誉的青海省，通过算“绿色账”、走“绿色路”、打“绿色牌”，开始探索三江源绿色发展新路，并率先实施首个国家公园体制试点。未来，西部地区将结束对标东部的“跟跑”式生态环境建设模式，逐步成长为新的“领跑”生态文明建设先行区。

1.2.3 可持续发展的内生动力推动开启扶贫新局面①

随着“五个一批”“六个精准”等一系列扶贫脱贫政策的不断推进，西部地区的脱贫攻坚战取得胜利。西部各省（自治区、直辖市）分别制定了详细的脱贫攻坚行动方案，实行分类扶贫，因人因地施策，提升扶贫实效。一是因地制宜挖掘贫困地区的特色优势产业，形成“一乡一业，一村一品”，实现由脱贫到致富的转变；二是对发展困难、生存条件恶劣的深度贫困地区实施扶贫移民搬迁计划，改善其居住条件、生活环境；三是实施科技文化扶贫，加大贫困地区科技文化资源的配置力度，逐步做到由扶贫到扶智的转变；四是探索农村产权交易，借助承包地的“三权分置”改革和房地一体的不动产登记政策，增加贫困户产权收益；五是加大生态扶贫的力度，强调“生态为民、生态惠民、生态利民”。西部地区正以实际行动践行“绿水青山就是金山银山”的理念，探索将丰富的生态资源优势转化为生态经济优势，逐步打造一批“产业生态化、生态产业化”的示范区，带动挖掘可持续发展的内生动力。

1.2.4 “一带一路”倡议为西部地区生态文明建设开辟新道路

西部地区是“一带一路”倡议的重要组成部分，是我国与东亚、中亚、西亚等地区交流的必经之地，具有独特的地理位置优势和资源优势。随着投资环境和

① 本书成稿时扶贫攻坚战还处于攻坚阶段，特此说明。

发展条件的不断改善，西部地区的开发开放支撑能力持续提升。这也将促进西部地区与周边国家的经贸合作与交流，陕西、重庆、甘肃、新疆等地进出口贸易显著增长。西部各省（自治区、直辖市）将创建西部特色出口产品质量安全示范区，边境旅游试验区和跨境旅游合作区也将陆续开始建设。同时，“一带一路”倡议将使西部各省（自治区、直辖市）实现大贯通，这对于西部地区来说将是一个巨大的发展机遇。西部地区将以推进“一带一路”建设为契机，充分发挥各地区的比较优势，统筹国内外的创新资源，加强境内外产业集聚区项目建设，促进优势产能和装备、技术、标准“走出去”，加强国内外开放创新合作，开辟生态文明建设的新道路。

1.3 西部地区生态文明建设面临的挑战

1.3.1 生态基础脆弱而敏感，资源环境承载能力有限

生态系统具有基础性的地位和作用，其健康活力状况决定着自然资源储备丰度和环境容量的尺度。西部地区地域辽阔，在我国生态安全格局中占据着重要地位。随着国家一系列生态保护与建设工程的实施，西部地区生态保护取得了一定成效。西部地区生态基础不断夯实，但整体生态状况仍较为脆弱，环境承载能力偏低。西北地区水资源匮乏制约明显，部分自然条件恶劣的区域，生态平衡一旦被打破，修复难度极大。这对西部地区经济社会发展模式的选择提出了更高要求。

1.3.2 经济社会发展与生态环境保护的矛盾依然存在

当前，我国人民日益增长的美好生活需要和不平衡不充分的发展之间的矛盾已成为社会主要矛盾。发展是我国的第一要务，对于西部地区而言尤为如此。生态文明建设并不拒斥经济发展，而是要摒弃以牺牲生态环境与资源为代价、依靠要素投入驱动、片面强调经济增长的 GDP 崇拜。西部地区受经济结构、产业布局、发展惯性等方面因素的影响，经济社会发展中对资源能源的利用水平较低，单位地区生产总值资源能源消耗强度和污染物排放强度较高，个别省级行政区污染排

放强度甚至远高于西部地区平均水平，这些地区环境污染防治能力又相对偏弱，对生态环境负面影响效应较大，未根本摆脱“边污染边治理”的发展模式，导致生态环境风险持续上升。

1.3.3 民生改善的速度远低于经济增长的速度

经济社会发展的最终目标在于增进人民福祉、保障和改善民生，同时民生改善又会产生更多市场需求，创造出新的经济增长点，二者之间能够互为促进。西部地区经济增长取得长足发展，增速远高于中部、东部地区，但城乡区域发展差距依然较大，城乡人均可支配收入差距缩小速度低于中部、东部地区。西部地区在教育、医疗、卫生等基本公共服务方面显著改善，但高层次医疗资源匮乏，农村卫生基础设施缺口较大，使用上自来水的农村人口比例低于中部、东部地区 10 个百分点，6 岁以上未上过学的人数比例有上升趋势。

1.3.4 部分地区观念上仍存在重经济发展、轻生态环境保护的现象

西部地区人民发展经济、改善民生的愿望迫切，但受现有条件制约，西部地区吸引高端产业落户的能力有限。西部地区坐拥丰富的自然资源，且面对经济社会发展对资源能源的旺盛需求。国家相关监管、追责制度尚不完善，传统的干部政绩考评体系又相对单一，导致部分地区只重视区域局部短期经济利益而忽视了全国整体长远利益，为发展经济，不惜损害生态、环境的观念滋生蔓延，地方保护主义、污染物偷排与资源违规开发等现象屡禁不止，甚至某些重要自然保护区也未能幸免，对生态环境保护提出严峻挑战。

1.4 西部地区生态文明建设仍需加强

1.4.1 适应生态文明建设的相关制度体系尚需完善

党的十八大以来，我国生态文明顶层设计和制度体系建设加速推进，出台了生态环境损害责任追究、排污许可、河/湖长制等制度，已初步形成了涉及节能减排、循环经济、生态保护、绿色发展、应对气候变化的相关法律法规和规划体系。

西部地区实施重点生态工程项目虽已取得实质性进展，但重点生态工程推进的背后，是国家大量建设资金的投入和强大的财政转移支付支持，仍未形成资源环境配置的市场作用机制和公众参与的社会治理体系，可持续发展的内生动力有待进一步探索。

西部地区生态保护优先的理念正逐步确立，但对生态文明建设的认知和理念仍未形成普遍共识，经济发展与生态环境保护矛盾依然突出。生态环境管理职能部门长期分散，生态保护规划、污染防治、综合调控等复杂的生态环境建设内容难以统一管理。党的十九大以来，中央进行了大部制改革，组建了自然资源部、生态环境部、国家林业和草原局等，但地方对大部制改革的职能落实需要一段时间，这在西部地区表现更为明显。西部地区还处于生态文明建设的摸索阶段，各方面还难以完全适应生态文明建设的需要。

1.4.2 生态建设与脱贫致富的互促共赢机制有待摸索

生态环境脆弱、贫困人口多是西部地区面临的两大突出问题，如何处理好生态保护与脱贫致富的关系，是摆在西部地区生态文明建设面前的难题。近几十年来，由于气候变化和人类活动不合理利用的加剧，局部地区的生态环境退化严重，西部地区生态承载力和环境容量相对降低，生态系统的自我修复能力出现退化，重大自然灾害、沙漠化和石漠化、流域污染等问题频发。这也是导致贫困地区陷入“越贫越垦，越垦越贫”恶性循环的根本原因。

生态移民是西部地区生态环境建设和扶贫脱贫的重要举措，对不适宜人类居住和发展且需要实施保护性恢复的地区搬迁撤出，移居至政府安置区。2018 年，西部地区 12 个省（自治区、直辖市）贫困发生率已经全部降到了 10%以下，但仍有 1 634 万贫困人口没有脱贫，占全国贫困人口的比重达到 53.6%[①]，这意味着西部地区脱贫攻坚任务非常艰巨。西部地区资源环境承载力和社会经济发展的均衡将面临巨大挑战，生态建设与贫困地区脱贫致富相结合，实现互促共赢的机制尚待摸索。

---

① 国家发展改革委举行新闻发布会介绍西部大开发进展情况[EB/OL]. http：//www.ndrc.gov.cn/gzdt/201808/t20180830_896950.html，2018-08-30/2019-11-01.

1.4.3 承接产业转移的环境风险管理能力仍需进一步加强

为促进东部、中部、西部区域协调互动发展，西部大开发“十一五”规划提出了以市场为导向，打破行政区划的局限和市场分割，引导和支持东中部地区各类生产要素向西部地区跨地区、跨行业、跨所有制流动，鼓励东中部地区企业向西部地区实行产业转移。2010 年国务院出台了《关于中西部地区承接产业转移的指导意见》，要求将因地制宜承接发展优势特色产业、促进承接产业集中布局、改善承接产业转移环境、加强资源节约和环境保护等作为产业转移的重要依据。东部地区企业为寻求廉价资源，积极向中西部转移能源、原材料初级加工业，高耗能、高污染项目是东部重点转移的产业。

为了加快经济发展，西部一些地区以牺牲环境为代价引进项目资金，承接了东部转移的各类产业，其中包括重污染、高耗能的工业企业，虽在短期内实现了 GDP 的快速增长，但承接的资源高耗型产业无疑对西部生态环境造成了长远的、难以修复的负面影响，部分地区又走上了“先污染后治理”的老路。西部地区承接产业转移的配套设施未能及时跟进，污染防治设施仍不完善，应对环境风险管理能力有待进一步提升。

1.4.4 对美好生活期盼与人居环境改善之间的落差尚待缩小

中华人民共和国成立以来，西部地区的衣、食、住、行等基本生活逐步得到改善，人民生活实现了由“吃不饱、穿不暖”向“温饱有余”的转变，社会经济发展势头良好，人均可支配收入显著提升，人民对美好生活的期盼有了“存量”积累。随着存量的不断丰盈，人们对物质文化生活提出了更高要求，期盼更舒适的居住环境、更稳定的工作、更可靠的社会保障、更好的教育等，然而当前人居环境改善进程与西部地区人民对美好生活的期盼还存在一定的差距，同时，不同生活水平和居住环境的人们对美好生活的期盼也存在梯度差异。

近年来，西部地区对农村人居环境整治的投入力度加大，但人居环境并未发生“质”的变化。西部地区农村生活垃圾有了统一收集点，但还未能做到有效分类处理；生活污水排放和治理仍然是近远郊农村的难题；规模养殖在农村普遍存在，而且是部分地区重点扶持的产业，但畜禽粪污排放监管缺位影响了农村整体的居住环境；厕所改造是目前农村工作重点推进的任务，在城中村和近郊地区取得了较好的成效，但远郊区对改厕模式和技术措施的要求更高，还需以因地制宜为基本原则，分类指导不同地理位置、气候条件和收入水平的地区推进厕所改造。与此同时，西部贫困地区农村医疗保障和教育与人民的期盼还有一定距离，大病返贫、教育条件薄弱等问题依然突出。此外，西部与东部地区的城市生活环境差距明显，西部地区人口流失严重、人才引进困难并存。西部城市的就业前景、教育环境、交通条件、环境质量和公共设施等与城市居民的期望还有待进一步缩小。

第 2 章　西部地区生态文明指数分析

西部地区的生态文明建设状况可以通过西部地区生态文明总指数和各领域指数反映出来。结果显示西部地区生态文明状况呈稳步上升态势。

2.1　西部地区生态文明状况总指数及变化率

西部地区 12 个省（自治区、直辖市）2017 年生态文明状况总指数值见图 2-1。各省（自治区、直辖市）生态文明状况差异显著，其中，云南、重庆、广西、青海生态文明状况总指数值高于全国均值（81.49 分），分别居全国第 2 位、第 4 位、第 9 位、第 10 位；贵州、甘肃大致处于全国均值，分别在全国排第 15 位、第 16 位；四川、内蒙古、陕西、宁夏生态文明状况总指数值均略低于全国均值，分别在全国排第 18 位、第 20 位、第 21 位、第 22 位；而新疆、西藏生态文明状况总指数值明显偏低，分别在全国排第 29 位、第 31 位。

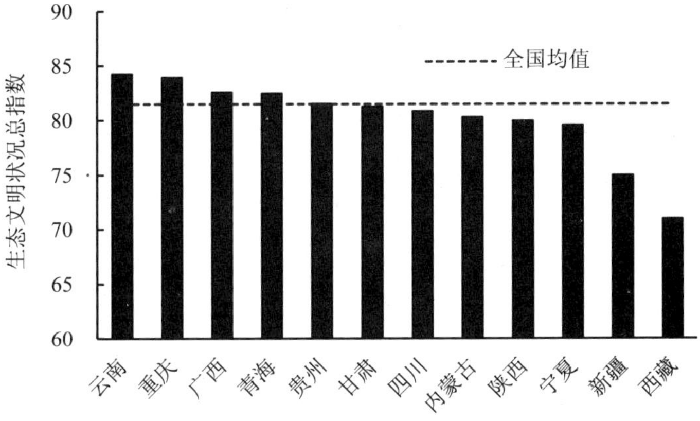

图 2-1　西部地区各省（自治区、直辖市）生态文明状况总指数值

党的十八大以来，我国生态文明建设从实践到认识都发生了历史性、转折性、全局性变化。通过对 2012—2017 年全国各省（自治区、直辖市）生态文明状况变化情况的分析，得出西部地区生态文明状况总指数变化率，见图 2-2。

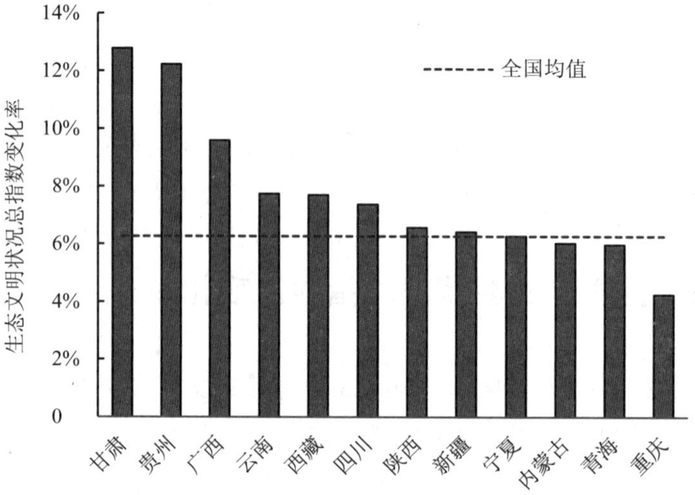

图 2-2　西部地区各省（自治区、直辖市）生态文明状况总指数变化率

2012—2017 年，西部地区 12 个省（自治区、直辖市）生态文明状况均呈稳步上升态势，尤其是甘肃和贵州，上升率分别居全国第 1 位、第 2 位；广西、云南、西藏、四川上升率也明显高于全国均值（6.27%），分别居全国第 6 位、第 10 位、第 11 位、第 13 位；陕西、新疆、宁夏上升率与全国均值相差不大，分别在全国排第 14 位、第 15 位、第 18 位；内蒙古、青海、重庆上升率则低于全国均值，分别在全国排第 20 位、第 21 位、第 26 位。

以 2017 年生态文明状况总指数值为横坐标，2012—2017 年生态文明状况总指数变化率为纵坐标，生态文明状况总指数全国均值（81.49 分）以及变化率（0）为坐标轴原点（81.49，0），划分 4 个象限，对西部地区 12 个省（自治区、直辖市）生态文明现状及发展情况进行综合分析（图 2-3）。

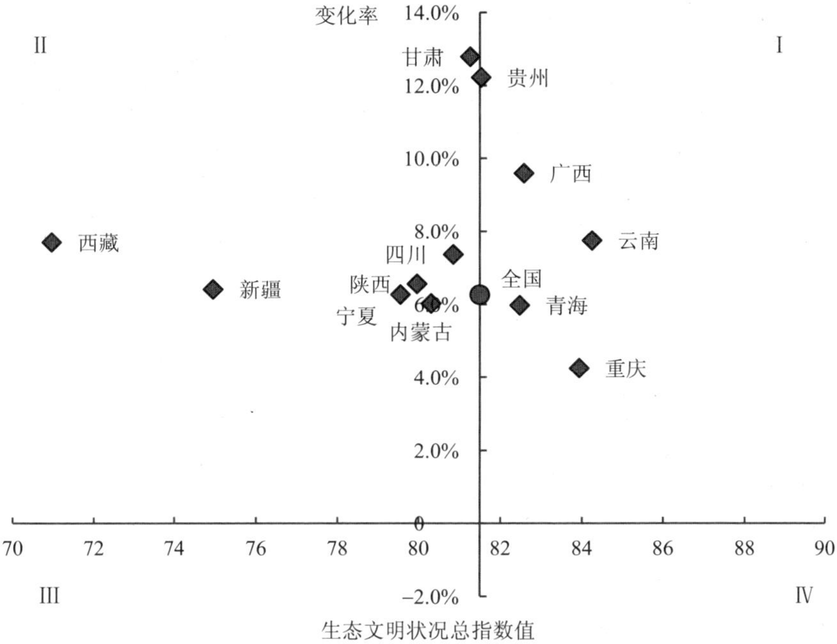

图 2-3　西部地区各省（自治区、直辖市）生态文明状况总指数值及变化率象限分布

注：图中圆点为全国均值。

第Ⅰ象限内的省（自治区、直辖市）2017 年生态文明状况总指数值高于全国均值，且较 2012 年呈进步态势，该象限内的省（自治区、直辖市）包括云南、重庆、广西、青海；第Ⅱ象限内的省（自治区、直辖市）2017 年生态文明状况总指数值低于全国均值，但较 2012 年呈进步态势，该象限内的省（自治区、直辖市）包括甘肃、四川、内蒙古、陕西、宁夏、新疆、西藏，这些地区虽然生态文明状况总指数值低于全国均值，但正往好的方向发展；第Ⅲ象限内的省（自治区、直辖市）2017 年生态文明状况总指数值低于全国均值，且较 2012 年呈退步态势，2017 年西部地区无一省（自治区、直辖市）位于该象限；第Ⅳ象限内的省（自治区、直辖市）2017 年生态文明状况总指数值高于全国均值，但较 2012 年呈退步态势，2017 年西部地区无一省（自治区、直辖市）位于该象限。另外，贵州位于纵坐标轴上，2017 年其生态文明状况总指数值与全国均值大致相当，但较 2012 年呈明显的进步态势。

2.2　西部地区生态文明各领域指数及变化率

2.2.1　生态空间领域

西部地区在生态空间领域指数值与全国均值相比略显优势。12 个省（自治区、直辖市）2017 年生态空间领域指数值见图 2-4。广西、青海、西藏、云南、四川、宁夏的生态文明空间领域指数值均明显高于全国均值（76.59 分），分别居全国第 6 位、第 10 位、第 12 位、第 13 位、第 14 位、第 16 位；重庆、内蒙古、陕西、贵州与全国均值相差不大，分别排在全国第 18 位、第 19 位、第 20 位、第 21 位；甘肃、新疆则相对较低，甘肃在全国排第 23 位，新疆排第 31 位。

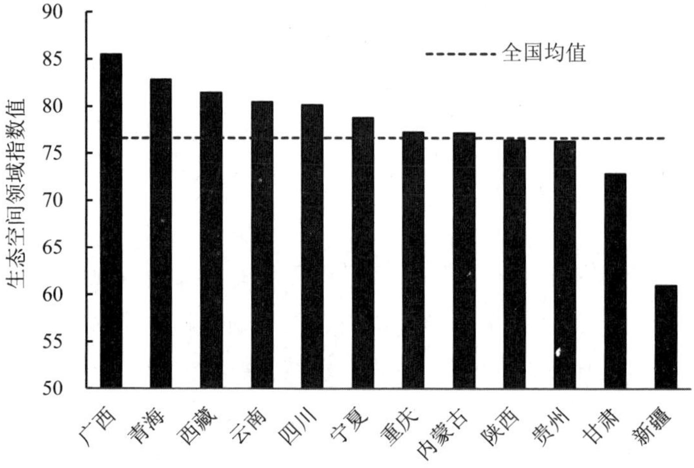

图 2-4　西部地区各省（自治区、直辖市）生态空间领域指数值

2012—2017 年西部地区各省（自治区、直辖市）生态空间领域指数变化率见图 2-5。西藏、云南、青海、甘肃、四川生态空间领域指数呈进步态势，尤其是西藏、云南进步明显，上升率分别居全国第 3 位、第 4 位，青海、甘肃、四川上升率分别居全国第 8 位、第 10 位、第 11 位；广西出现略微退步；陕西、贵州、新疆、宁夏、重庆、内蒙古退步较为明显。

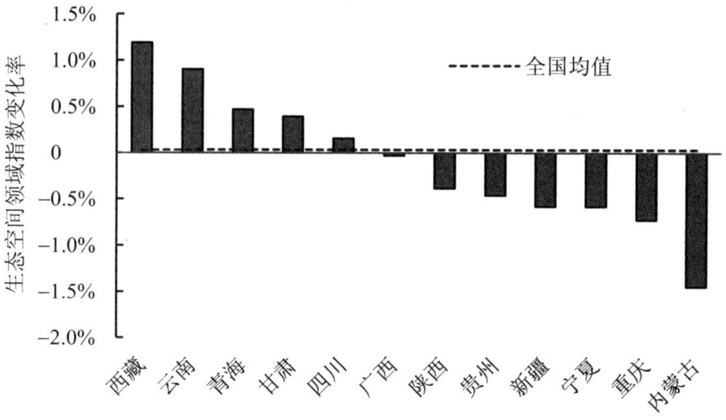

图 2-5　西部地区各省（自治区、直辖市）生态空间领域指数变化率

以 2017 年生态空间领域指数值为横坐标，2012—2017 年生态空间领域指数变化率为纵坐标，2017 年生态空间领域指数全国均值（76.59 分）以及变化率（0）为坐标轴原点（76.59，0），划分四个象限，对西部地区 12 个省（自治区、直辖市）生态空间领域现状及发展情况进行综合分析（图 2-6）。

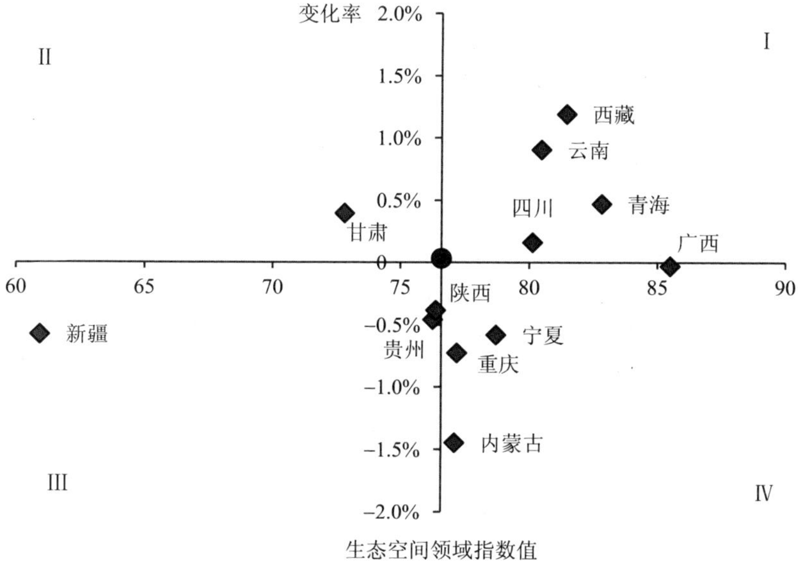

图 2-6　西部地区各省（自治区、直辖市）生态空间领域指数值及变化率象限分布

注：图中圆点为全国均值。

第Ⅰ象限内的省（自治区、直辖市）2017 年生态空间领域指数值高于全国均值，且较 2012 年呈进步态势，该象限内的省（自治区、直辖市）包括青海、西藏、云南、四川；第Ⅱ象限内的省（自治区、直辖市）2017 年生态空间领域指数值低于全国均值，但较 2012 年呈进步态势，2017 年甘肃位于该象限，虽然生态空间状况指数值处于偏低水平，但正往好的方向发展；第Ⅲ象限内的省（自治区、直辖市）2017 年生态空间领域指数值低于全国均值，且较 2012 年退步，2017 年陕西、贵州、新疆位于该象限，这些地区的生态空间发展需引起更多的关注；第Ⅳ象限内的省（自治区、直辖市）2017 年生态空间领域指数值高于全国均值，但较 2012 年退步，该象限内的省（自治区、直辖市）包括广西、宁夏、重庆、内蒙古，其中宁夏、重庆、内蒙古退步明显。

2.2.2 生态经济领域

西部地区生态经济领域差异显著。12 个省（自治区、直辖市）2017 年生态经济领域指数值见图 2-7。重庆、四川、云南、贵州生态经济领域指数值均高于全国均值（87.29 分），分别居全国第 2 位、第 5 位、第 7 位、第 8 位；甘肃与全国均值相差不大，在全国排第 11 位；青海、广西、陕西生态经济领域指数值略低于全国均值，分别在全国排第 13 位、第 15 位、第 22 位；内蒙古、新疆、宁夏、西藏生态经济领域指数值则明显偏低，分别在全国排第 25 位、第 28 位、第 30 位、第 31 位。

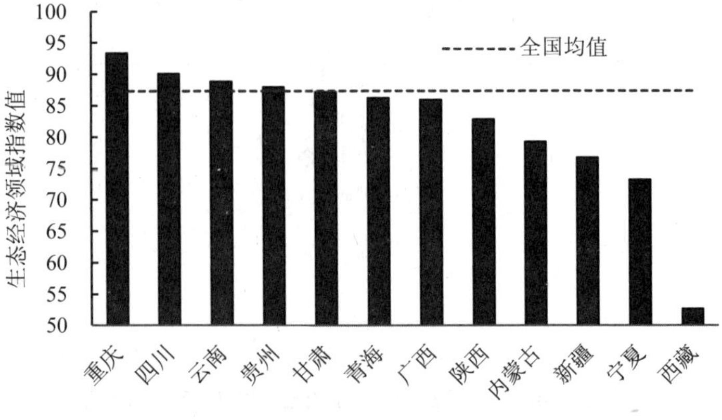

图 2-7 西部地区各省（自治区、直辖市）生态经济领域指数值

2012—2017 年西部地区各省（自治区、直辖市）生态经济领域指数变化率见图 2-8。明显看出西部地区 12 个省（自治区、直辖市）均呈进步态势，尤其是贵州、西藏、甘肃、宁夏、新疆、云南、青海、内蒙古、广西，上升率分别居全国第 1 位、第 2 位、第 3 位、第 4 位、第 8 位、第 13 位、第 15 位、第 18 位、第 21 位；四川、陕西、重庆上升率略低于全国均值，分别居全国第 24 位、第 26 位、第 27 位。

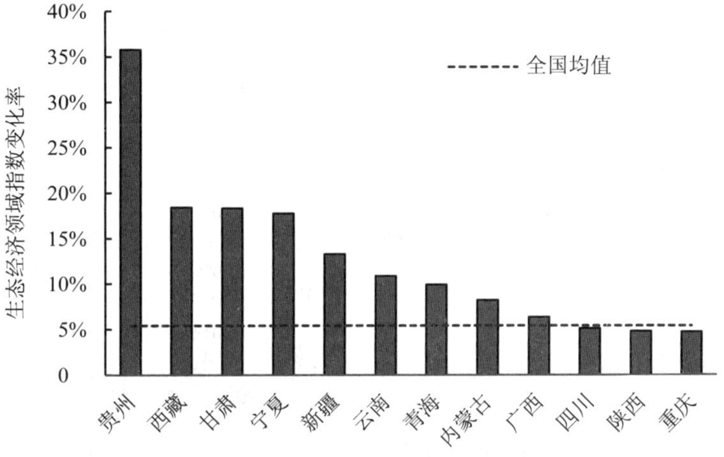

图 2-8　西部地区各省（自治区、直辖市）生态经济领域指数变化率

以 2017 年生态经济领域指数值为横坐标，2012—2017 年经济领域指数变化率为纵坐标，2017 年生态经济领域指数全国均值（87.29 分）以及变化率（0）为坐标轴原点（87.29，0），划分四个象限，对西部地区 12 个省（自治区、直辖市）生态经济领域现状及发展情况进行综合分析.(图 2-9)。

第 I 象限内的省（自治区、直辖市）2017 年生态经济领域指数值高于全国均值，且较 2012 年呈进步态势，该象限内的省（自治区、直辖市）包括重庆、四川、云南、贵州，其中贵州进步明显；第 II 象限内的省（自治区、直辖市）2017 年生态经济领域指数值低于全国均值，但较 2012 年呈进步态势，该象限内的省（自治区、直辖市）包括广西、青海、陕西、内蒙古、新疆、宁夏、西藏，虽然生态经济状况指数值处于偏低水平，但正往好的方向发展；第 III 象限内的省（自治区、直辖市）2017 年生态经济领域指数值低于全国均值，且较 2012 年出现退步，2017

年西部地区无一省（自治区、直辖市）位于该象限；第Ⅳ象限内的省（自治区、直辖市）2017 年生态经济领域指数值高于全国均值，但较 2012 年退步，2017 年西部地区无一省（自治区、直辖市）位于该象限。另外，甘肃位于纵坐标轴上，2017 年其生态经济领域指数值与全国均值大致相当，并且较 2012 年呈明显的进步态势。

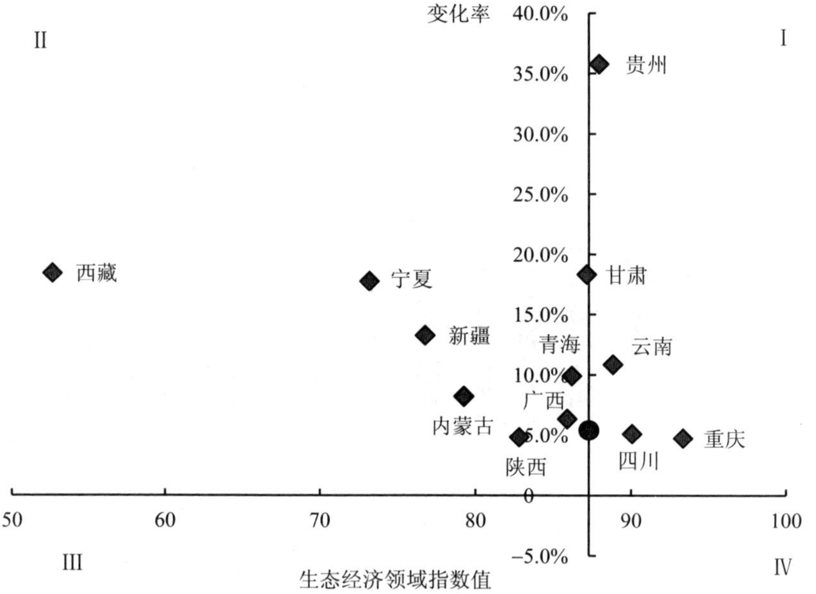

图 2-9　西部地区各省（自治区、直辖市）生态经济领域指数值及变化率象限分布

注：图中圆点为全国均值。

2.2.3　生态环境领域

西部地区 12 个省（自治区、直辖市）生态环境领域也不均衡，2017 年生态环境领域指数值见图 2-10。西藏、云南、甘肃、青海、广西、贵州、四川生态环境领域指数值均高于全国均值（82.97 分），分别居全国第 2 位、第 3 位、第 6 位、第 7 位、第 9 位、第 12 位、第 13 位；内蒙古生态环境领域指数值与全国均值相差不大，在全国排第 19 位；宁夏、重庆、新疆生态环境领域指数值略低于全国均值，分别在全国排第 20 位、第 21 位、第 23 位；陕西生态环境领域指数值则明显偏低，在全国排第 25 位。

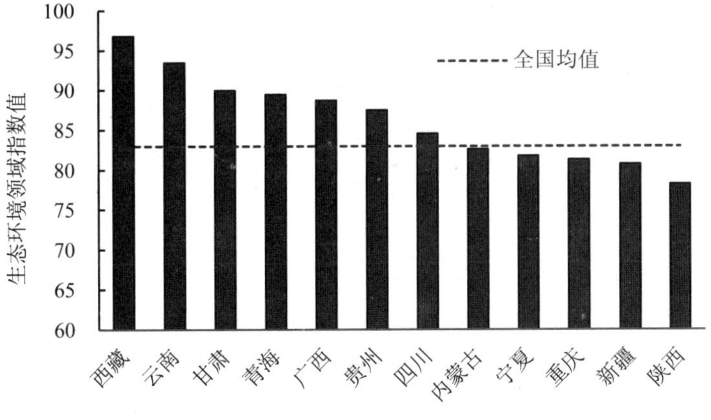

图 2-10 西部地区各省（自治区、直辖市）生态环境领域指数值

2012—2017 年西部地区各省（自治区、直辖市）生态环境领域指数值变化率见图 2-11。从图中可以明显看出西部地区 12 个省（自治区、直辖市）均呈进步态势，但各省（自治区、直辖市）上升率与全国均值相比差异明显。其中广西、甘肃、四川、陕西、云南进步明显，上升率分别居全国第 1 位、第 4 位、第 5 位、第 6 位、第 7 位；贵州、新疆、内蒙古、重庆也呈进步态势，上升率分别居全国第 14 位、第 16 位、第 18 位、第 19 位；青海、宁夏、西藏上升率则低于全国均值，上升率分别居全国第 23 位、第 28 位、第 29 位。

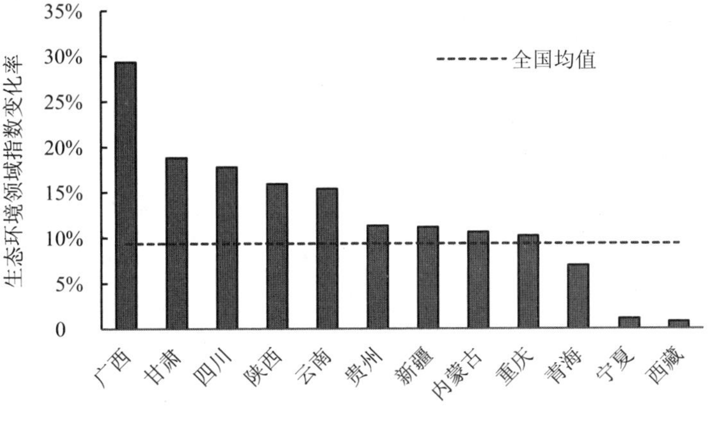

图 2-11 西部地区各省（自治区、直辖市）生态环境领域指数变化率

以 2017 年生态环境领域指数值为横坐标，2012—2017 年生态环境领域指数变化率为纵坐标，2017 年生态环境领域指数全国均值（82.97 分）以及变化率（0）为坐标轴原点（82.97，0），划分四个象限，对西部地区 12 个省（自治区、直辖市）生态环境领域现状及发展情况进行综合分析（图 2-12）。

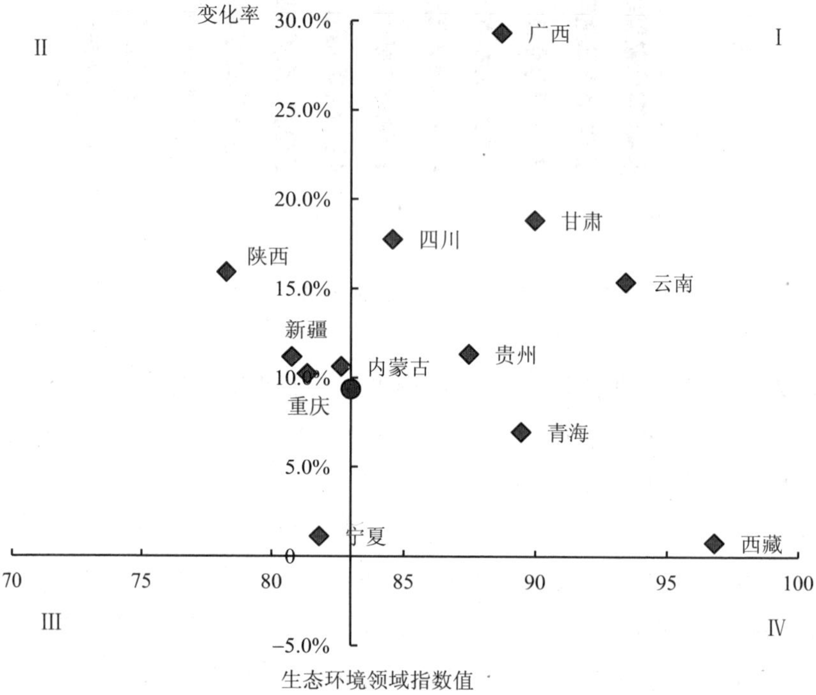

图 2-12　西部地区各省（自治区、直辖市）生态环境领域指数值及变化率象限分布

注：图中圆点为全国均值。

第Ⅰ象限内的省（自治区、直辖市）2017 年生态环境领域指数值高于全国均值，且较 2012 年呈进步态势，该象限内的省（自治区、直辖市）包括西藏、云南、甘肃、青海、广西、贵州、四川，其中广西进步最明显；第Ⅱ象限内的省（自治区、直辖市）2017 年生态环境领域指数值低于全国均值，但较 2012 年呈进步态势，该象限内的省（自治区、直辖市）包括陕西、新疆、内蒙古、重庆、宁夏，虽然生态环境状况指数值处于偏低水平，但正往好的方向发展；第Ⅲ象限内的省（自治区、直辖市）2017 年生态环境领域指数值低于全国均值，且较 2012 年退步，

2017 年西部地区无一省（自治区、直辖市）位于该象限；第Ⅳ象限内的省（自治区、直辖市）2017 年生态环境领域指数值高于全国均值，但较 2012 年退步，2017 年西部地区无一省（自治区、直辖市）位于该象限。

2.2.4 生态生活领域

西部地区生态生活领域劣势明显。12 个省（自治区、直辖市）2017 年生态生活领域指数值见图 2-13。重庆生态生活领域指数值高于全国均值（83.76 分），在全国排第 4 位；陕西、宁夏、内蒙古、甘肃、云南生态生活领域指数值略低于全国均值，分别在全国排第 12 位、第 13 位、第 15 位、第 16 位、第 18 位；新疆、广西、四川、贵州生态生活领域指数值相对较低，分别在全国排第 22 位、第 25 位、第 26 位、第 28 位；青海、西藏生态生活领域指数值则明显偏低，分别在全国排第 30 位、第 31 位。

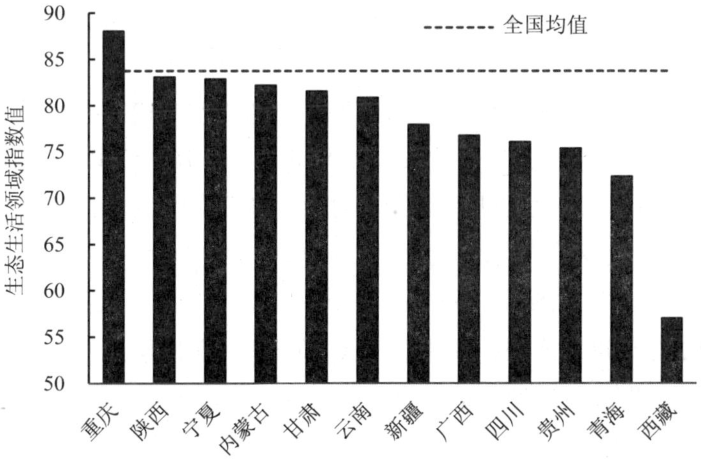

图 2-13 西部地区各省（自治区、直辖市）生态生活领域指数值

2012—2017 年西部地区各省（自治区、直辖市）生态生活领域指数变化率见图 2-14。从图中可看出西部地区 12 个省（自治区、直辖市）均呈现进步态势，尤其是甘肃、西藏，上升率分别居全国第 1 位、第 3 位；四川、青海、广西、陕西、重庆上升率则略低于全国均值，分别居全国第 10 位、第 14 位、第 20 位、第 21 位、第 22 位；宁夏、新疆、云南、内蒙古、贵州上升率则低于全国均值，

分别在全国排第 24 位、第 25 位、第 26 位、第 27 位、第 31 位。

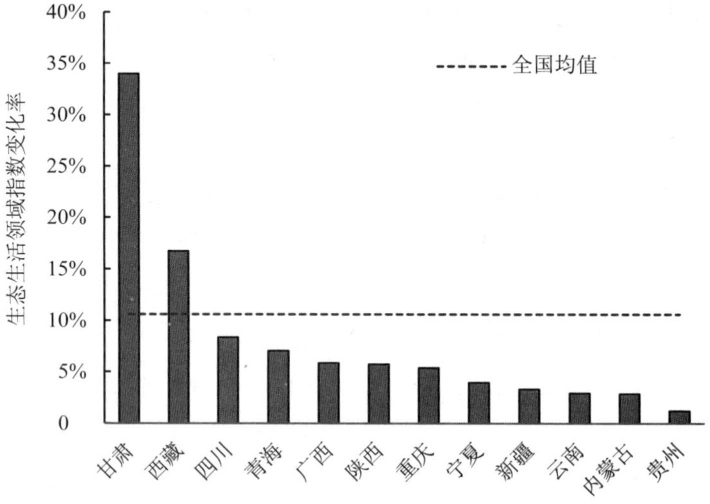

图 2-14　西部地区各省（自治区、直辖市）生态生活领域指数变化率

以 2017 年生态生活领域指数值为横坐标，2012—2017 年生态生活领域指数变化率为纵坐标，2017 年生态生活领域全国均值（83.76 分）以及变化率（0）为坐标轴原点（83.76，0），划分四个象限，对西部地区 12 个省（自治区、直辖市）生态生活领域现状及发展情况进行综合分析（图 2-15）。

第 I 象限内的省（自治区、直辖市）2017 年生态生活领域指数值高于全国均值，且较 2012 年呈进步态势，重庆位于该象限内；第 II 象限内的省（自治区、直辖市）2017 年生态生活领域指数值低于全国均值，但较 2012 年呈进步态势，该象限内的省（自治区、直辖市）包括陕西、宁夏、内蒙古、云南、贵州、新疆、广西、四川、青海、甘肃、西藏，虽然生态生活状况指数值处于偏低水平，但正往好的方向发展，其中甘肃、西藏进步明显；第III象限内的省（自治区、直辖市）2017 年生态生活领域指数值低于全国均值，且较 2012 年退步，2017 年西部地区无一省（自治区、直辖市）位于该象限；第IV象限内的省（自治区、直辖市）2017 年生态生活领域指数值高于全国均值，但较 2012 年退步，2017 年西部地区无一省（自治区、直辖市）位于该象限。

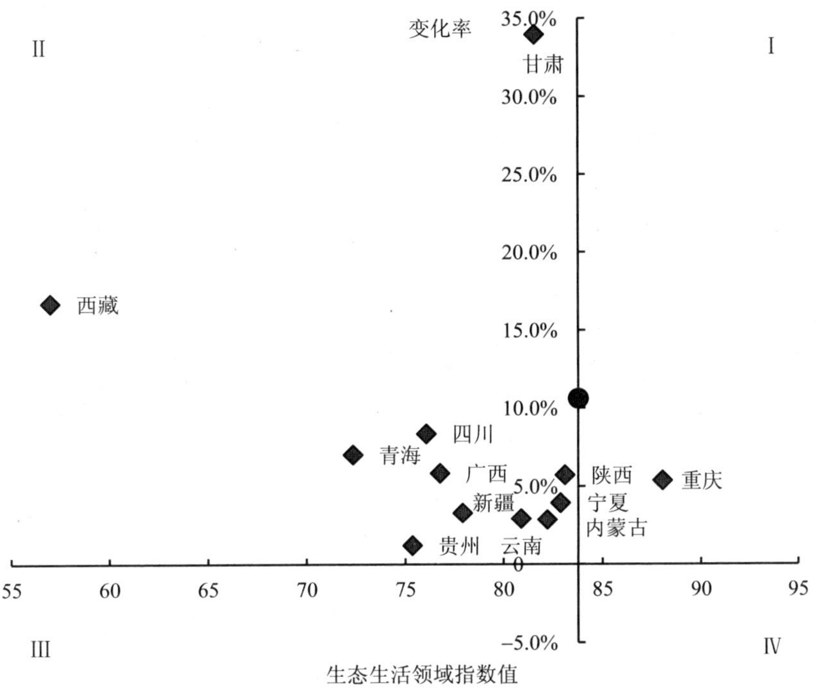

图 2-15　西部地区各省（自治区、直辖市）生态生活领域指数值及变化率象限分布

注：图中圆点为全国均值。

2.2.5　生态文化领域

西部地区生态文化领域优势相对突出，12 个省（自治区、直辖市）2017 年生态文化领域指数值见图 2-16。贵州、重庆、云南、内蒙古、广西、新疆、青海、宁夏、四川的生态文化领域指数值均高于全国均值（77.42 分），分别居全国第 2 位、第 3 位、第 5 位、第 7 位、第 8 位、第 9 位、第 13 位、第 16 位、第 22 位；陕西生态文化领域指数值与全国均值相差不大，在全国排第 25 位；甘肃、西藏生态文化领域指数值则相对较低，分别在全国排第 30 位、第 31 位。

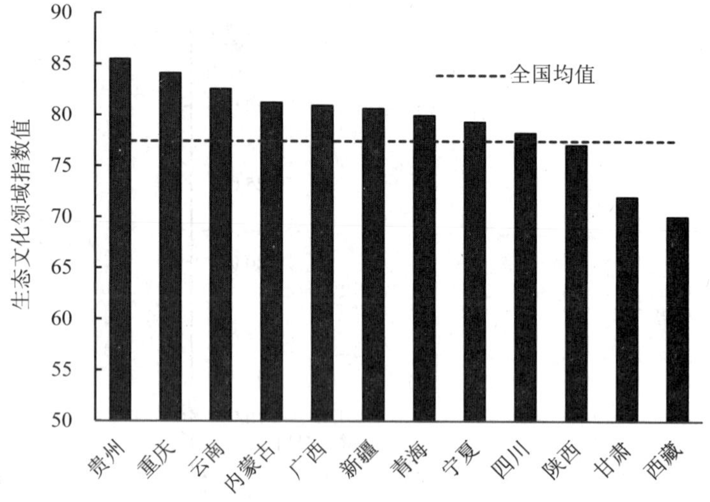

图 2-16 西部地区各省（自治区、直辖市）生态文化领域指数值

2012—2017 年西部地区各省（自治区、直辖市）生态文化领域指数变化率见图 2-17。宁夏、内蒙古、四川、贵州、云南进步明显，上升率分别居全国第 2 位、第 5 位、第 7 位、第 8 位、第 10 位；重庆、西藏、青海、广西上升率则略高于全国均值，分别居全国第 16 位、第 18 位、第 19 位、第 20 位；新疆上升率偏低，明显低于全国均值，在全国排第 26 位；陕西、甘肃则退步较为明显。

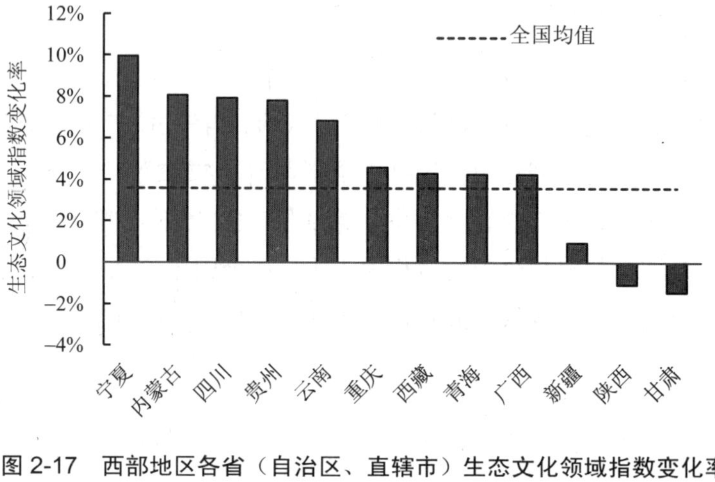

图 2-17 西部地区各省（自治区、直辖市）生态文化领域指数变化率

以 2017 年生态文化领域指数值为横坐标，2012—2017 年生态文化领域指数变化率为纵坐标，2017 年生态文化领域指数全国均值（77.42 分）以及变化率（0）为坐标轴原点（77.42，0），划分四个象限，对西部地区 12 个省（自治区、直辖市）生态文化领域现状及发展情况进行综合分析（图 2-18）。

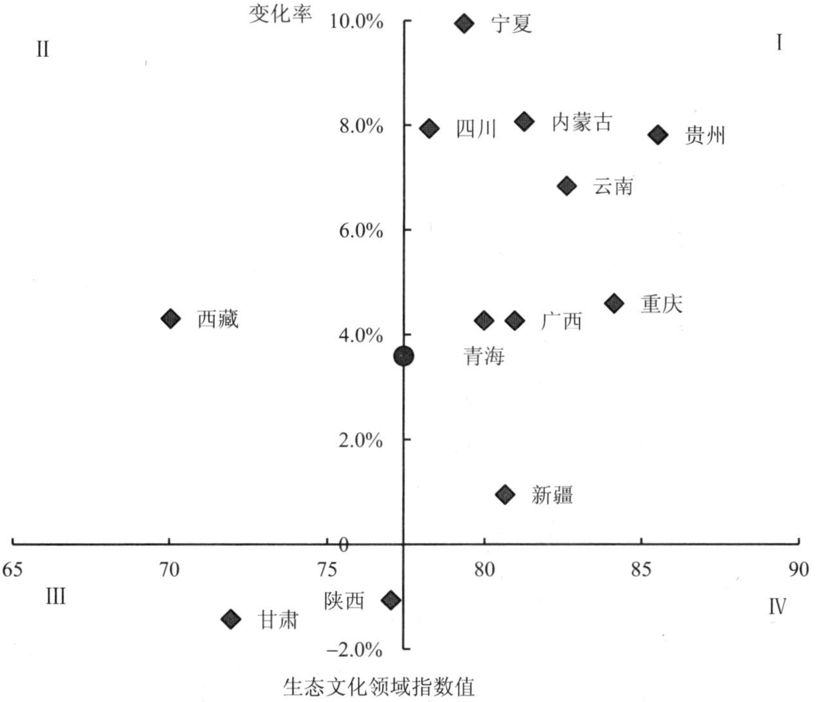

图 2-18 西部地区各省（自治区、直辖市）生态文化领域指数值及变化率象限分布

注：图中圆点为全国均值。

第 I 象限内的省（自治区、直辖市）2017 年生态文化领域指数值高于全国均值，且较 2012 年呈进步态势，该象限内的省（自治区、直辖市）包括贵州、重庆、云南、内蒙古、广西、新疆、青海、宁夏、四川，其中宁夏进步最为明显；第 II 象限内的省（自治区、直辖市）2017 年生态文化领域指数值低于全国均值，但较 2012 年呈进步态势，西藏位于该象限内，虽然生态文化领域指数值处于偏低水平，但正往好的方向发展；第III象限内的省（自治区、直辖市）2017 年生态文化领域指数值低于全国均值，且较 2012 年退步，该象限内的省（自治区、直辖市）包括甘肃、陕西，尤其甘肃指数值低，退步较大，对这些地区生态文化发展需引起更多的关注；第Ⅳ象限内的省（自治区、直辖市）2017 年生态文化领域指数值高于全国均值，但较 2012 年退步，2017 年西部地区无一省（自治区、直辖市）位于该象限。

2.2.6 生态制度领域

西部地区生态制度领域差异显著，12 个省（自治区、直辖市）2017 年生态制度领域指数值见图 2-19。宁夏、陕西、内蒙古、青海、重庆、西藏生态制度领域指数值均高于全国均值（73.20 分），分别居全国第 1 位、第 5 位、第 8 位、第 14 位、第 15 位、第 17 位；甘肃、新疆、广西、贵州、云南生态制度领域指数值均略低于全国均值，分别在全国排第 21 位、第 23 位、第 25 位、第 26 位、第 27 位；四川生态制度领域指数值则明显偏低，在全国排第 31 位。

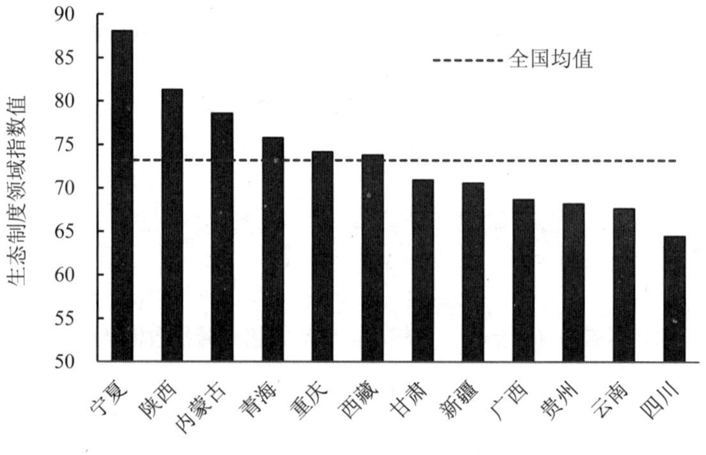

图 2-19　西部地区各省（自治区、直辖市）生态制度领域指数值

2012—2017 年西部地区各省（自治区、直辖市）生态制度领域指数变化率见图 2-20。西藏、陕西、贵州、宁夏、内蒙古、青海、云南、广西均呈进步态势，尤其是西藏、陕西进步明显，上升率高于全国均值，分别居全国第 5 位、第 6 位；贵州、宁夏、内蒙古、青海、云南、广西上升率低于全国均值，分别居全国第 10 位、第 11 位、第 12 位、第 15 位、第 17 位、第 22 位；新疆、四川生态制度领域

指数出现略微的退步；重庆、甘肃则退步较为明显。

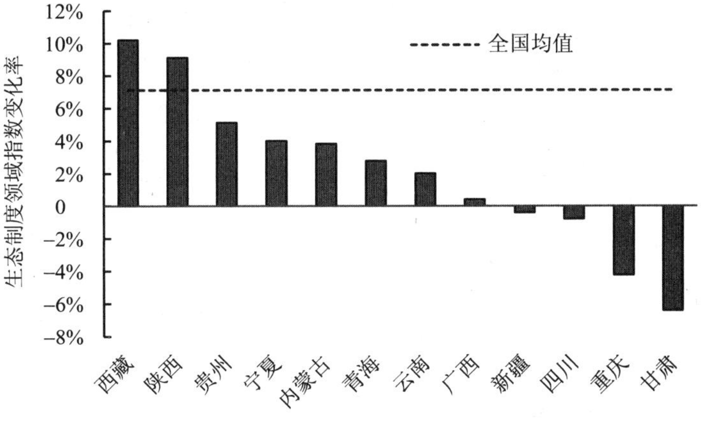

图 2-20　西部地区各省（自治区、直辖市）生态制度领域指数变化率

以 2017 年生态制度领域指数值为横坐标，2012—2017 年生态制度领域指数变化率为纵坐标，2017 年生态制度领域指数全国均值（73.20 分）以及变化率（0）为坐标轴原点（73.20，0），划分四个象限，对西部地区 12 个省（自治区、直辖市）生态制度领域现状及发展情况进行综合分析（图 2-21）。

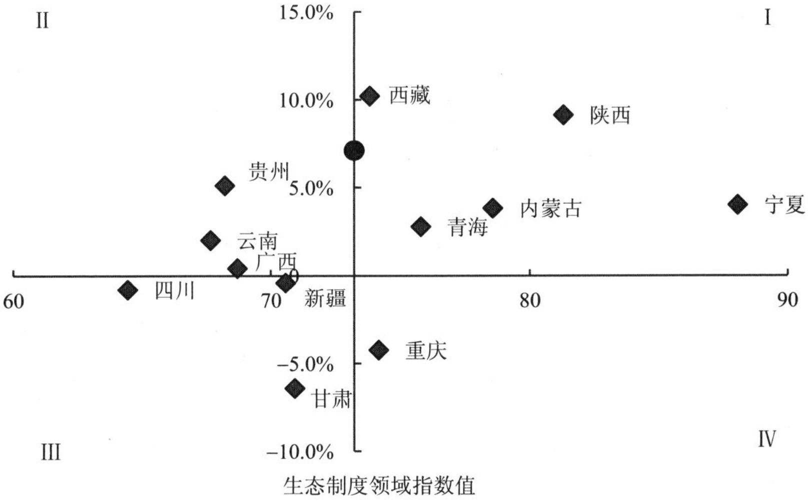

图 2-21　西部地区各省（自治区、直辖市）生态制度领域指数值及变化率象限分布

注：图中圆点为全国均值。

第Ⅰ象限内的省（自治区、直辖市）2017 年生态制度领域指数值高于全国均值，且较 2012 年呈进步态势，该象限内的省（自治区、直辖市）包括宁夏、陕西、内蒙古、青海、西藏，其中西藏进步最为明显；第Ⅱ象限内的省（自治区、直辖市）2017 年生态制度领域指数值低于全国均值，但较 2012 年呈进步态势，该象限内的省（自治区、直辖市）包括贵州、云南、广西，虽然生态制度领域指数值处于偏低水平，但正往好的方向发展，其中贵州进步明显；第Ⅲ象限内的省（自治区、直辖市）2017 年生态制度领域指数值低于全国均值，且较 2012 年退步，2017 年新疆、四川、甘肃位于该象限，这些地区生态制度建设需引起更多的关注；第Ⅳ象限内的省（自治区、直辖市）2017 年生态制度领域指数值高于全国均值，但较 2012 年退步，重庆位于该象限内。

第 3 章　西部地区各省（自治区、直辖市）生态文明建设状况

本书从生态空间、生态经济、生态环境、生态生活、生态文化、生态制度六大领域对西部地区内蒙古、广西、重庆、四川、贵州、云南、西藏、陕西、甘肃、青海、宁夏、新疆的生态文明建设状况做了考察。

3.1　内蒙古自治区

内蒙古自治区生态文明状况见图 3-1。2012—2017 年，内蒙古自治区生态文明状况总指数值分别为 75.74 分、76.82 分、79.84 分、80.40 分、80.79 分、80.30 分，6 年间在全国 31 个省（自治区、直辖市）中的排名分别为第 15 位、第 18 位、第 10 位、第 14 位、第 15 位、第 20 位。2012—2016 年，内蒙古自治区生态文明状况总体呈逐年提升的态势，但 2017 年呈现略微下降态势，主要原因是六大领域部分指标略有降低。

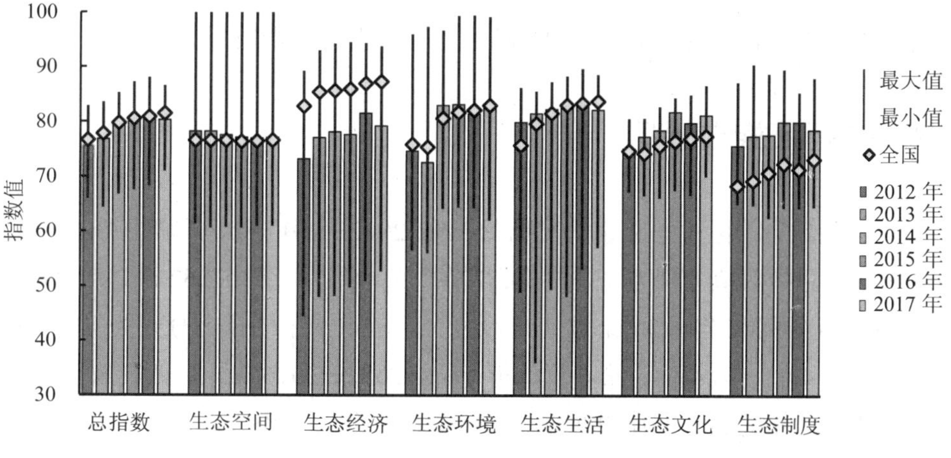

图 3-1　内蒙古自治区生态文明状况总指数及各领域指数状况

2012—2017 年，内蒙古自治区六大领域发展不平衡，生态经济领域指数值明显低于全国均值，生态空间、生态生活、生态环境领域指数值与全国均值持平，生态文化、生态制度领域高于全国均值。存在明显的短板，生态文明建设水平需要进一步提高。生态空间领域，2012—2017 年呈略微的下降态势，指数值由 78.24 分缓慢下降至 77.11 分，主要原因为“植被覆盖指数”“水网密度指数”“土地胁迫指数”“自然保护区面积占辖区面积比例”指数值的降低；生态经济领域，2012—2016 年呈稳步上升态势，指数值由 73.22 分上升至 81.56 分，2017 年则略有降低，降至 79.24 分，经分析，得出其主要原因是该领域 2012—2016 年各项指标指数值均呈上升态势，但 2017 年“能源节约”指数值明显下降；生态环境领域，2012—2017 年呈稳步上升态势，指数值由 74.66 分上升至 82.60 分，主要是由于该领域“大气环境质量”“水土流失及治理”指数值的增加；生态生活领域，2012—2016 年呈稳步上升态势，指数值由 79.92 分上升至 83.68 分，2017 年则略有降低，降至 82.20 分，经分析，得出其主要原因是该领域 2012—2016 年各项指标指数值均呈上升态势，但 2017 年“居民生活行为”指数值有所下降；生态文化领域，2012—2015 年呈稳步上升态势，指数值由 75.16 分上升至 81.84 分，2016 年则出现下降，降至 79.82 分，但 2017 年又出现略微上升，升至 81.23 分，主要是由于该领域“环境信息公开率”指数值的变化；生态制度领域，2012—2016 年呈稳步上升态势，指数值由 75.67 分上升至 79.99 分，2017 年略有降低，降至 78.57 分，经分析，得出其主要原因是该领域 2012—2016 年各项指标指数值均呈上升态势，但 2017 年“生态保护与建设投资”指数值有所下降。

3.2 广西壮族自治区

广西壮族自治区生态文明状况见图 3-2。2012—2017 年，广西壮族自治区生态文明状况总指数值分别为 75.35 分、79.11 分、81.78 分、82.62 分、82.89 分、82.58 分，6 年间在全国 31 个省（自治区、直辖市）中的排名分别为第 16 位、第 9 位、第 4 位、第 4 位、第 6 位、第 9 位。2012—2016 年，广西壮族自治区生态文明状况总体呈逐年提升的态势，2016—2017 年变化不大。

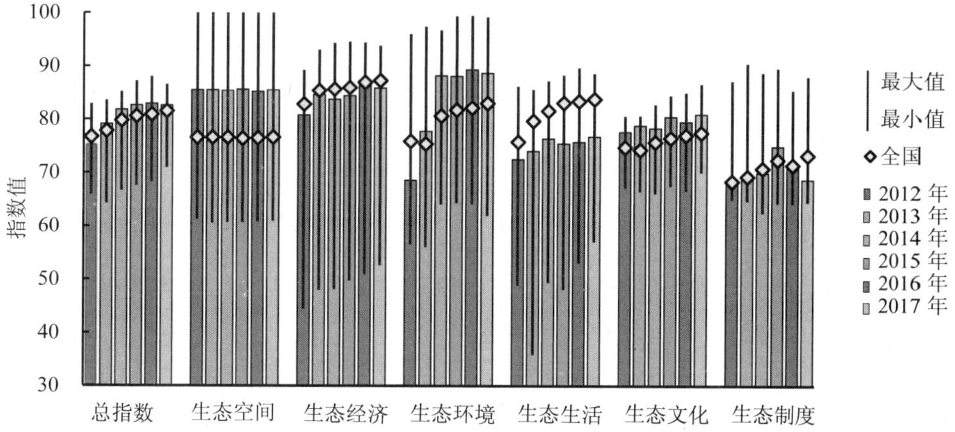

图 3-2　广西壮族自治区生态文明状况总指数及各领域指数状况

2012—2017 年广西壮族自治区六大领域中，生态经济、生态生活、生态制度指数值均低于全国均值，各领域发展不均衡，生态文明建设水平需要提高。生态空间领域，2012—2017 年变化不大，指数值由 85.51 分缓慢变化至 85.49 分，主要原因为“水网密度指数”指数值的略微增加以及“自然保护区面积占辖区面积比例”的降低；生态经济领域，2012—2016 年呈稳步上升态势，指数值由 80.76 分逐渐上升至 86.65 分，但 2017 年有所下降，降至 85.89 分，经分析，得出其主要原因是该领域 2012—2016 年“能源节约”“工业资源节约”“主要污染物排放强度”指数值均呈上升态势，但 2017 年“工业资源节约”指数值明显降低；生态环境领域，2012—2016 年呈稳步上升态势，指数值由 68.59 分上升至 89.34 分，2017 年则略有降低，降至 88.71 分，经分析，得出其主要原因是该领域 2012—2016 年各项指标指数值均呈上升态势，但 2017 年“大气环境质量”指数值略有下降；生态生活领域，2012—2017 年呈稳步上升态势，指数值由 72.52 分上升至 76.76 分，该领域“城镇人居环境”“农村人居环境”指数值均呈上升态势，但“居民生活行为”指数值有所下降；生态文化领域，2012—2017 年呈稳步上升态势，指数值由 77.63 分上升至 80.94 分，主要是由于“环境信息公开率”指数值的增加；生态制度领域，2012—2015 年呈稳步上升态势，指数值由 68.41 分上升至 74.81 分，但 2015—2017 年又呈持续下降，指数值由 74.81 分降至 68.70 分，经分析，得出其主要原因是该领域 2012—2015 年各项指标指数值均呈上升态势，但 2015—2017 年“生态保护与建设投资”指数值有明显下降。

3.3 重庆市

重庆市生态文明状况见图 3-3。2012—2017 年，重庆市生态文明状况总指数值分别为 80.50 分、80.97 分、83.61 分、84.00 分、84.14 分、83.93 分，6 年间在全国 31 个省（自治区、直辖市）中的排名分别为第 3 位、第 4 位、第 2 位、第 2 位、第 3 位、第 4 位。2012—2016 年，重庆市生态文明状况总体呈逐年提升的态势，但 2017 年较 2016 年呈现略微的下降态势，主要原因是生态空间、生态环境、生态经济领域部分指标有所降低。

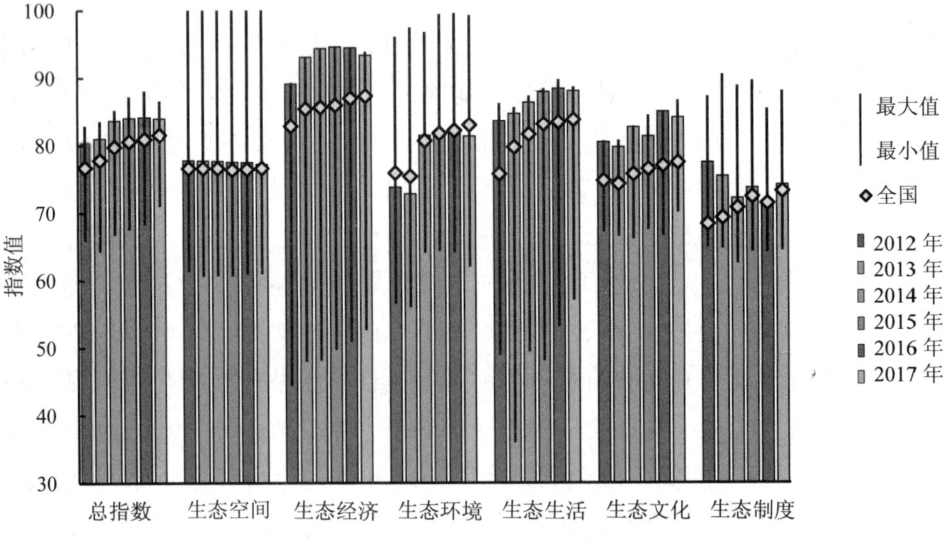

图 3-3 重庆市生态文明状况总指数及各领域指数状况

2012—2017 年，重庆市六大领域中只有生态环境领域指数值稍低于全国均值，生态文明建设水平较高且各领域较为均衡，没有明显的短板。生态空间领域，2012—2017 年呈略微的下降态势，指数值由 77.72 分缓慢下降至 77.20 分，主要原因为“土地胁迫指数”“自然保护区面积占辖区面积比例”指数值的降低；生态经济领域，2012—2015 年呈稳步上升态势，指数值由 89.11 分逐渐上升至 94.59 分，但 2015—2017 年呈缓慢下降的态势，指数值下降至 93.34 分，经分析，得出其主要原因是该领域 2012—2015 年各项指标指数值均呈上升态势，但 2015—2017 年“工业资源节约”指数值连续下降；生态环境领域，2012—2016 年呈稳步上升态势，指数值由 72.80 分上升至 81.74 分，2017 年则略有降低，指数值降至 81.31 分，经分析，得出其主要原因是该领域 2012—2016 年各项指标指数值均呈上升态势，但 2017 年“大气环境质量”指数值略有下降；生态生活领域，2012—2016 年呈稳步上升态势，指数值由 83.54 分上升至 88.38 分，2017 年则略有降低，指数值降至 88.03 分，经分析，得出其主要原因是该领域 2012—2016 年“城镇人居环境”“农村人居环境”指数值呈上升态势，但 2017 年“居民生活行为”指数值有所下降；生态文化领域，2012—2016 年总体呈上升态势，指数值由 80.41 分上升至 84.99 分，2017 年则出现略微的下降，指数值降至 84.11 分，主要是由于该领域“环境信息公开率”指数值的变化；生态制度领域，2012—2016 年呈下降的态势，指数值由 77.43 分下降至 71.70 分，而 2017 年则有所上升，指数值升至 74.15 分，经分析，得出其主要原因是该领域 2012—2016 年“生态保护与建设投资”指数值呈下降态势，但 2017 年各项指标指数值有所上升。

3.4 四川省

四川省生态文明状况见图 3-4。2012—2017 年，四川省生态文明状况总指数值分别为 75.30 分、76.63 分、78.44 分、78.66 分、79.75 分、80.84 分，在全国 31 个省（自治区、直辖市）中的排名分别为第 17 位、第 20 位、第 20 位、第 22 位、第 20 位、第 18 位。2012—2017 年，四川省生态文明状况总体呈逐年提升的态势。

2012—2017 年四川省六大领域中，生态环境、生态生活、生态制度领域指数值均低于全国均值，生态文明建设各领域发展不均衡。生态空间领域，2012—2015 年呈略微的下降态势，指数值由 80 分缓慢下降至 79.76 分，主要原因为“生物丰度指数”“水网密度指数”“土地胁迫指数”指数值的降低，2015—2017 年呈上升态势，指数值由 79.76 分上升至 80.12 分，主要原因为“植被覆盖指数”“水网密度指数”指数值的持续增加；生态经济领域，2012—2017 年呈稳步上升态势，指数值由 85.68 分逐渐上升至 90.06 分，主要是由于“能源节约”“主要污染物排放强度”“化肥、农药施用强度”指标指数值呈持续上升态势；生态环境领域，2012—2017 年呈稳步上升态势，指数值由 71.81 分上升至 84.56 分，经分析，得出其主要原因是该领域“大气环境质量”“水环境质量”“水土流失及治理”指标指数值均呈大幅上升态势；生态生活领域，2012—2017 年呈稳步上升态势，指数值由 70.19 分上升至 76.06 分，经分析，得出其主要原因是该领域各项指标指数值均呈上升态势；生态文化领域，2012—2017 年呈稳步上升态势，指数值由 72.46 分上升至 78.22 分，主要由于“环境信息公开率”出现明显的上升；生态制度领域，2012—2017 年变化态势波动明显，2012—2014 年该领域各项指标指数值均呈上升态势，指数值由 64.96 分上升至 66.56 分，2014—2016 年“生态保护与建设投资”指标指数值的持续下降，使得 2016 年指数值降至 64.25 分，2017 年略微增长至 64.45 分，经分析，得出其主要原因是“生态文明建设县（市、区）相关创建比例”指数值有所增加。

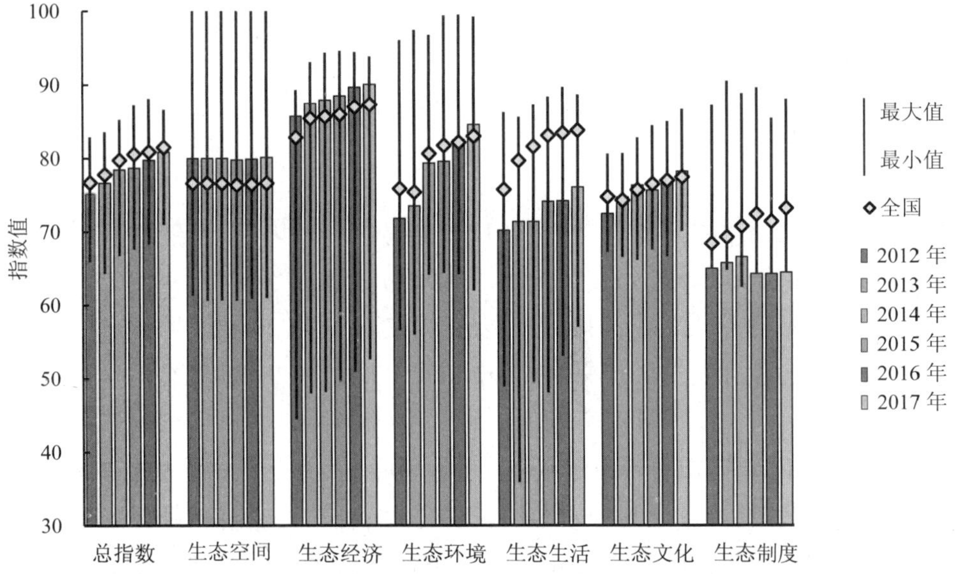

图 3-4 四川省生态文明状况总指数及各领域指数状况

3.5　贵州省

贵州省生态文明状况见图 3-5。2012—2017 年，贵州省生态文明状况总指数值分别为 72.65 分、76.73 分、79.17 分、79.98 分、81.14 分、81.53 分，6 年间在全国 31 个省（自治区、直辖市）中的排名分别为第 25 位、第 19 位、第 15 位、第 16 位、第 12 位、第 15 位。2012—2017 年，贵州省生态文明状况总体呈逐年提升的态势。

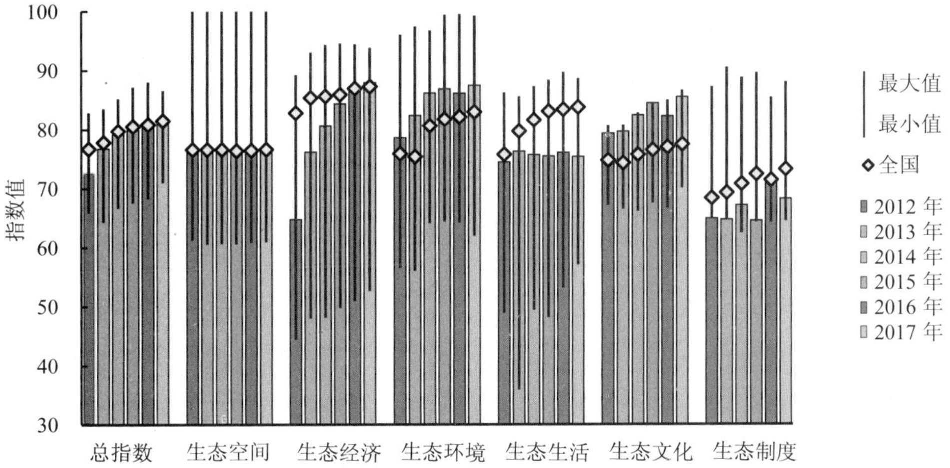

图 3-5　贵州省生态文明状况总指数及各领域指数状况

2012—2017 年贵州省六大领域中，生态经济、生态生活、生态制度领域指数值均与全国均值相差较多，各领域发展不均衡，存在明显的短板，生态文明建设水平有待提高。生态空间领域，2012—2017 年变化不大，指数值由 76.61 分变化至 76.26 分，主要原因为“土地胁迫指数”“自然保护区面积占辖区面积比例”略微降低；生态经济领域，2012—2017 年呈快速稳步上升态势，指数值由 64.77 分逐渐上升至 87.94 分，该领域各项指标指数值均呈上升态势；生态环境领域，2012—2017 年呈稳步上升态势，指数值由 78.56 分上升至 87.47 分，经分析，得出其主要原因是该领域“大气环境质量”“水土流失及治理”“环境突发事件”

指数值呈上升态势；生态生活领域，2012—2013 年呈上升态势，指数值由 74.46 分上升至 76.27 分，2013—2017 年出现下降，指数值降至 75.35 分，经分析，得出其主要原因是该领域 2012—2013 年“城镇人居环境”“农村人居环境”指数值呈上升态势，但 2013—2017 年“居民生活行为”指数值有所下降；生态文化领域，2012—2017 年总体呈上升态势，指数值由 79.28 分上升至 85.48 分，该领域“环境信息公开率”出现明显的增加；生态制度领域，2012—2017 年波动较大，主要是由于受当年国家或地方政策的影响，“生态保护与建设投资”波动较大。

3.6　云南省

云南省生态文明状况见图 3-6。2012—2017 年，云南省生态文明状况总指数值分别为 78.19 分、80.22 分、81.13 分、81.99 分、83.46 分、84.24 分，6 年间在全国 31 个省（自治区、直辖市）中的排名分别为第 7 位、第 5 位、第 5 位、第 5 位、第 5 位、第 2 位。2012—2017 年，云南省生态文明状况总体呈逐年提升的态势。

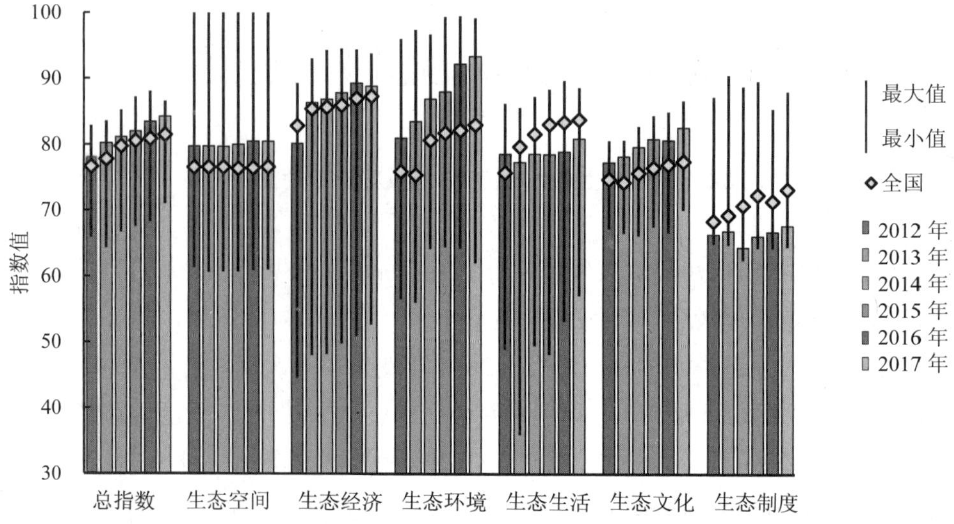

图 3-6　云南省生态文明状况总指数及各领域指数状况

2012—2017年云南省六大领域中，生态生活、生态制度领域指数值均明显低于全国均值，各领域发展不均衡，存在明显的短板，生态文明建设水平有待进一步提高。生态空间领域，2012—2017年呈略微上升态势，指数值由79.73分缓慢上升至80.46分，该领域各项指标指数值缓慢上升；生态经济领域，2012—2016年呈稳步上升态势，指数值由80.13分逐渐上升至89.28分，但2017年出现略微下降，指数值降至88.83分，经分析，得出其主要原因是2012—2016年该领域大多数指标指数值呈上升态势，但2017年"工业资源节约"指数值明显降低；生态环境领域，2012—2017年呈稳步上升态势，指数值由80.97分上升至93.42分，该领域各项指标指数值均呈上升态势；生态生活领域，2012—2016年变化不大，指数值由78.58分变化至78.91分，2017年则有所上升，指数值升至80.88分，经分析，得出其主要原因是该领域2012—2016年各项指标指数值变化不明显，但2017年各项指标指数值明显上升；生态文化领域，2012—2017年呈稳步上升态势，指数值由77.29分上升至82.58分，经分析，得出其主要原因是该领域"环境信息公开率"指数值出现明显增加；生态制度领域，2012—2017年总体呈上升态势，指数值由66.32分上升至67.66分，但2014年有明显降低，指数值降至64.36分，经分析，得出其主要原因是该领域2014年"生态保护与建设投资"指数值有所下降。

3.7　西藏自治区

西藏自治区生态文明状况见图3-7。2012—2017年，西藏自治区生态文明状况总指数值分别为65.88分、64.28分、66.69分、67.53分、68.25分、70.96分，6年间在全国31个省（自治区、直辖市）中的排名均为第31位。2012—2017年西藏自治区生态文明状况总体呈逐年提升的态势，但仍明显低于全国均值。

2012—2017年，西藏自治区六大领域发展不均衡，其中生态空间、生态环境领域指数值明显高于全国均值，但生态经济、生态生活、生态文化领域指数值远低于全国均值，生态制度领域指数值与全国均值持平，存在明显的短板，生态文明建设水平需要进一步提高。生态空间领域，2012—2017年呈上升态势，指数值由80.48分升至81.44分，主要原因为"植被覆盖指数""水网密度指数""土地胁迫指数”指数值的增加；生态经济领域，2012—2017 年呈稳步上升态势，指数值由 44.43 分逐渐上升至 52.62 分，主要是由于“工业资源节约”“主要污染物排放强度”指数值增加；生态环境领域，2012—2017 年均维持在较高水平，总体指数值由 96.05 分上升至 96.81 分，经分析，得出其主要原因是该领域“大气环境质量”“水土流失及治理”指数值均呈上升态势；生态生活领域，2012—2017 年总体呈上升态势，指数值由 48.85 分上升至 57.02 分，主要是由于“城镇人居环境”“农村人居环境”指数值增加，但 2013 年由于“居民生活行为”指数值的降低出现明显下降；生态文化领域，2012—2017 年呈上升态势，指数值由 67.14 分上升至 70.04 分，经分析，得出其主要原因是该领域“环境信息公开率”出现明显的上升；生态制度领域，2012—2015 年呈稳步上升态势，指数值由 66.97 分上升至 71.74 分，2016 年略有降低，指数值降至 67.23 分，但 2017 年又明显上升，指数值升至 73.81 分，经分析，得出其主要原因是该领域 2012—2015 年各项指标指数值均呈上升态势，2016 年“生态保护与建设投资”指数值有所下降，但该领域 2017 年各项指标指数值又有所增加。

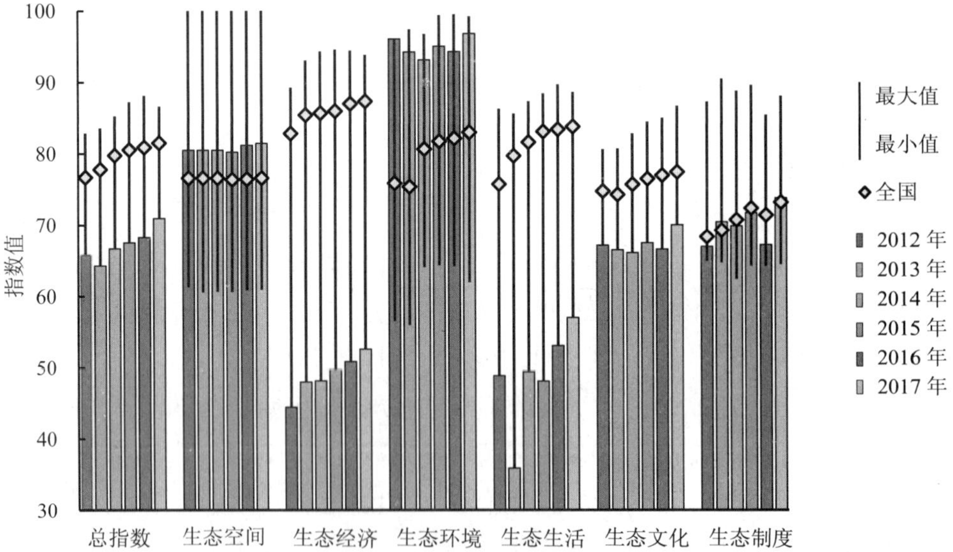

图 3-7 西藏自治区生态文明状况总指数及各领域指数状况

3.8　陕西省

陕西省生态文明状况见图 3-8。2012—2017 年，陕西省生态文明状况总指数值分别为 75.03 分、76.97 分、79.21 分、80.93 分、80.47 分、79.96 分，6 年间在全国 31 个省（自治区、直辖市）中的排名分别为第 18 位、第 16 位、第 13 位、第 12 位、第 16 位、第 21 位。2012—2015 年，陕西省生态文明状况总体呈逐年上升的态势，但 2015—2017 年出现略微的下降，主要原因是生态经济领域指标“工业资源节约”以及生态环境领域指标“大气环境质量”“水环境质量”的下降，另外，生态空间领域部分指标也略有降低。

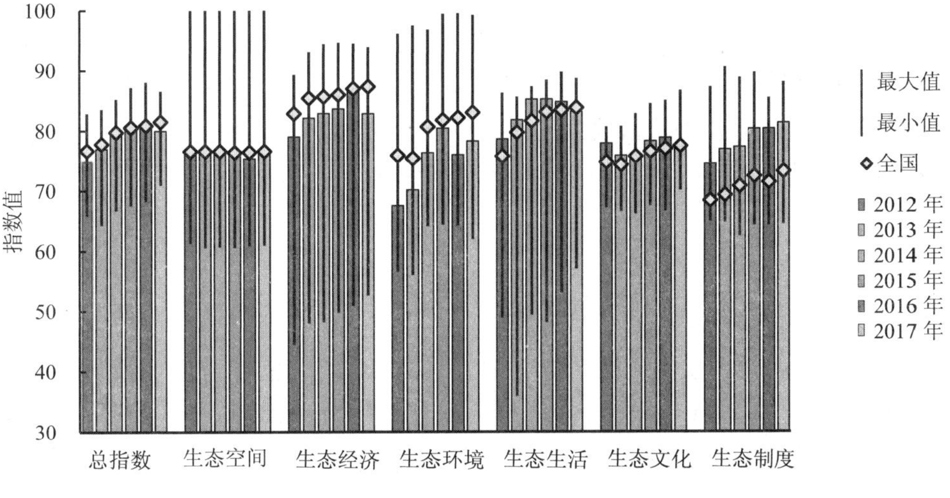

图 3-8　陕西省生态文明状况总指数及各领域指数状况

2012—2017 年，陕西省六大领域发展不均衡，其中生态经济、生态环境领域指数值明显低于全国均值，生态文明建设水平有待提高。生态空间领域，2012—2017 年变化不大，指数值由 76.67 分缓慢下降至 76.38 分，该领域各项指标指数值变化不明显；生态经济领域，2012—2016 年呈稳步上升态势，指数值由 79.00 分逐渐上升至 86.76 分，但 2016—2017 年出现明显降低，指数值由 86.76 分下降至 82.81 分，经分析，得出其主要原因是 2012—2016 年该领域各项指标指数值均呈上升态势，但 2016—2017 年“工业资源节约”指数值明显下降；生态环境领域，2012—2015 年呈稳步上升态势，指数值由 67.51 分大幅上升至 80.38 分，但 2016 年明显降低，降至 75.98 分，2016—2017 年呈上升态势，指数值由 75.98 分上升至 78.25 分，经分析，得出其主要原因是 2012—2015 年该领域大部分指标指数值均呈上升态势，但 2016 年“大气环境质量”“水环境质量”“环境突发事件”指数值均明显下降，2016—2017 年该领域部分指标指数值又明显增加；生态生活领域，2012—2015 年呈稳步上升态势，指数值由 78.59 分上升至 85.21 分，但 2015—2017 年则持续下降，指数值降至 83.09 分，经分析，得出其主要原因是该领域 2012—2015 年各项指标指数值均呈上升态势，但 2015—2017 年“农村人居环境”“居民生活行为”指数值有所下降；生态文化领域，2012—2014 年呈下降的态势，指数值由 77.87 分下降至 75.46 分，2014—2016 年则出现明显的上升，指数值升至 78.79 分，但 2017 年又下降至 77.04 分，经分析，得出其主要是该领域“环境信息公开率”指标指数值的变化导致；生态制度领域，2012—2017 年呈稳步上升态势，指数值由 74.48 分上升至 81.29 分，经分析，得出其主要原因是该领域 2012—2017 年各项指标指数值均呈上升态势。

3.9 甘肃省

甘肃省生态文明状况见图 3-9。2012—2017 年，甘肃省生态文明状况总指数值分别为 72.04 分、73.57 分、76.59 分、76.97 分、80.34 分、81.25 分，6 年间在全国 31 个省（自治区、直辖市）中的排名分别为第 26 位、第 26 位、第 25 位、第 25 位、第 17 位、第 16 位。2012—2016 年，甘肃省生态文明状况总体呈逐年上升的态势。

2012—2017 年甘肃省六大领域中，生态环境领域指数值均高于全国均值，生态空间、生态经济、生态生活、生态文化领域指数值则低于全国均值，存在明显的短板，生态文明建设水平需要进一步提高。生态空间领域，2012—2017 年变化不明显，指数值由 72.52 分缓慢变化至 72.81 分，该领域各项指标指数值均变化不大；生态经济领域，2012—2017 年呈稳步上升态势，指数值由 73.64 分逐渐上升至 87.14 分，该领域各项指标指数值均呈上升态势；生态环境领域，

2012—2017 年呈稳步上升态势，指数值由 75.71 分上升至 89.96 分，该领域各项指标指数值均呈上升态势；生态生活领域，2012—2017 年呈稳步上升态势，指数值由 60.89 分上升至 81.57 分，该领域各项指标指数值均呈上升态势；生态文化领域，2012—2017 年波动明显，主要是由于指标“环境信息公开率”的变化；生态制度领域，2012—2017 年呈下降的态势，指数值由 75.78 分下降至 70.93 分，由于该领域 2012—2017 年“生态保护与建设投资”指数值连续下降。

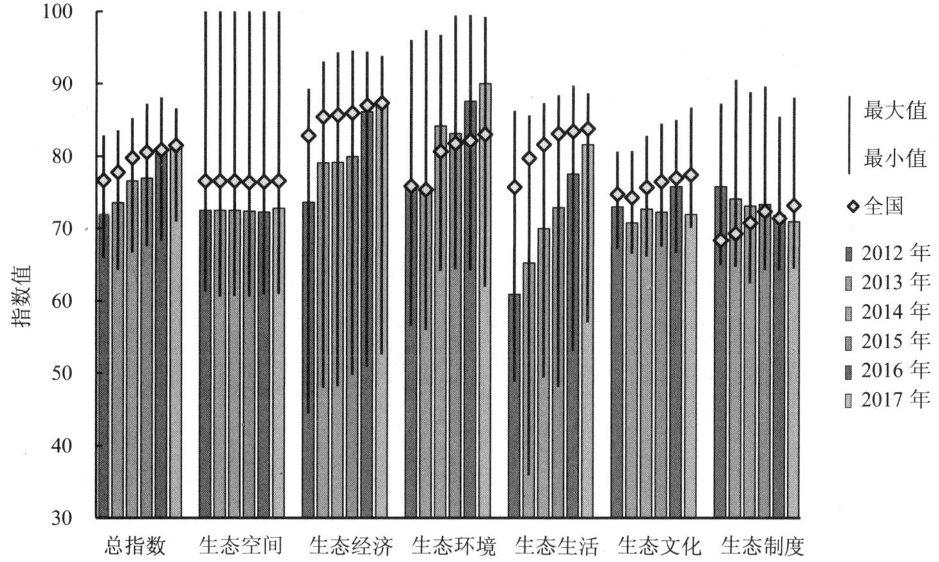

图 3-9　甘肃省生态文明状况总指数及各领域指数状况

3.10　青海省

青海省生态文明状况见图 3-10。2012—2017 年，青海省生态文明状况总指数值分别为 77.83 分、77.82 分、79.18 分、78.80 分、81.33 分、82.48 分，6 年间在全国 31 个省（自治区、直辖市）中的排名分别为第 9 位、第 13 位、第 14 位、第 21 位、第 11 位、第 10 位。2012—2017 年，青海省生态文明状况总体呈逐年提升的态势。

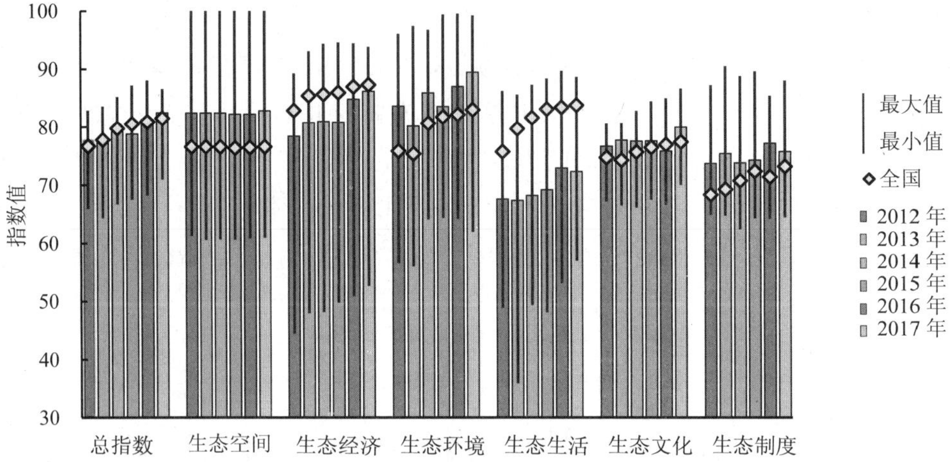

图 3-10 青海省生态文明状况总指数及各领域指数状况

2012—2017 年青海省六大领域中，生态空间、生态制度、生态环境领域指数值均高于全国均值，而生态文化领域指数值则与全国均值持平，但生态经济、生态生活领域指数值却低于全国均值。六大领域的发展不均衡，存在明显的短板，生态文明建设水平需要进一步提高。生态空间领域，2012—2017 年变化不明显，指数值由 82.43 分缓慢上升至 82.82 分，主要原因为"植被覆盖指数"指数值的增加；生态经济领域，2012—2017 年呈稳步上升态势，指数值由 78.41 分逐渐上升至 86.18 分，主要原因为"能源节约""主要污染物排放强度"指数值的增加；生态环境领域，2012—2017 年呈上升态势，指数值由 83.62 分上升至 89.46 分，主要是由于该领域"大气环境质量""水环境质量"指标指数值的增加；生态生活领域，2012—2016 年呈稳步上升态势，指数值由 67.59 分上升至 72.93 分，2017 年则略有降低，指数值降至 72.35 分，经分析，得出其主要原因是该领域 2012—2016 年各项指标指数值均呈上升态势，但 2017 年"居民生活行为"指数值有所下降；生态文化领域，2012—2017 年呈上升态势，指数值由 76.69 分上升至 79.97 分，由于该领域"环境信息公开率"出现明显的上升；生态制度领域，2012—2016 年呈稳步上升态势，指数值由 73.72 分上升至 77.19 分，2017 年略有降低，指数值降至 75.78 分，经分析，得出其主要原因是该领域 2012—2016 年各项指标指数值均呈上升态势，但 2017 年"生态保护与建设投资"指数值有所下降。

3.11　宁夏回族自治区

宁夏回族自治区生态文明状况见图 3-11。2012—2017 年，宁夏回族自治区生态文明状况总指数值分别为 74.86 分、77.42 分、78.60 分、78.85 分、78.37 分、79.56 分，6 年间在全国 31 个省（自治区、直辖市）中的排名分别为第 20 位、第 14 位、第 19 位、第 20 位、第 24 位、第 22 位。2012—2017 年，宁夏回族自治区生态文明状况总体呈逐年上升的态势。

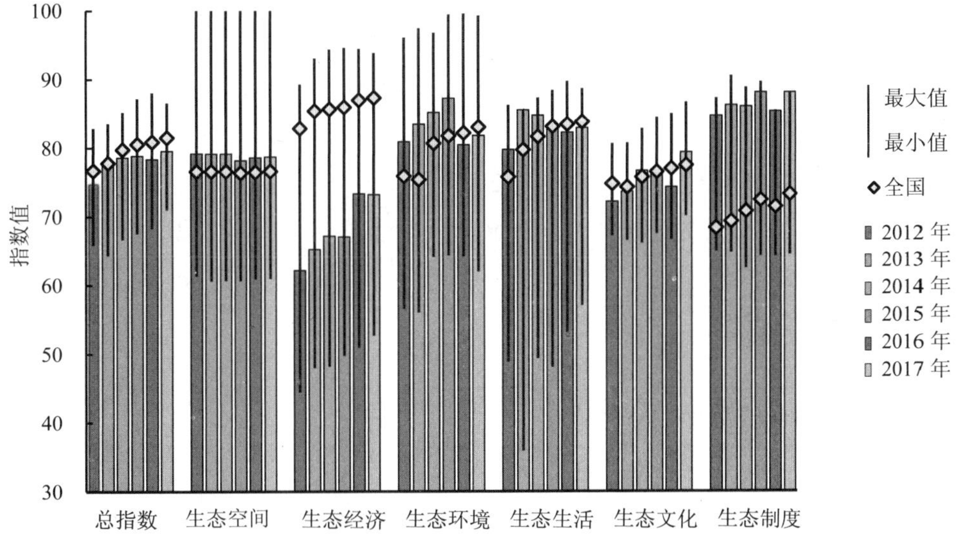

图 3-11　宁夏回族自治区生态文明状况总指数及各领域指数状况

2012—2017 年宁夏回族自治区六大领域中，生态空间、生态环境、生态生活、生态文化、生态制度领域指数值均高于全国均值，但生态经济领域指数值远低于全国均值，存在明显的短板，生态文明建设水平需要进一步提高。生态空间领域，2012—2017 年呈略微的下降态势，指数值由 79.18 分缓慢下降至 78.72 分，主要原因为“生物丰度指数”“植被覆盖指数”“土地胁迫指数”“自然保护区面积占辖区面积比例”指数值的降低；生态经济领域，2012—2016 年呈稳步上升态势，指数值由 62.15 分逐渐上升至 73.31 分，2017 年则出现略微下降，指数值降至 73.19

分，经分析，得出其主要原因是该领域2012—2016年“能源节约”“工业资源节约”“主要污染物排放强度”指数值均呈上升态势，但2017年“能源节约”“工业资源节约”“化肥、农药施用强度”指数值有所下降；生态环境领域，2012—2015年呈稳步上升态势，指数值由83.41分上升至87.23分，2016年则略有降低，指数值降至80.43分，而2017年又略有上升，指数值升至81.77分，经分析，得出其主要原因是该领域2012—2015年“大气环境质量”“水土流失及治理”指数值均呈上升态势，2016年主要由于“水环境质量”指数值明显下降，而2017年“大气环境质量”“水土流失及治理”“水环境质量”指数值又有所增加；生态生活领域，2012—2015年呈上升态势，指数值由79.72分上升至83.14分，2016年则略有降低，指数值降至82.21分，而2017年又略有上升，指数值升至82.87分，经分析，得出其主要原因是该领域2012—2015年各项指标指数值均呈上升态势，但2016年“农村人居环境”“居民生活行为”指数值有所下降，2017年各项指标又呈上升态势；生态文化领域，2012—2017年呈稳步上升态势，指数值由73.60分上升至79.32分，主要是由于该领域“环境信息公开率”的增加；生态制度领域，2012—2017年呈稳步上升态势，指数值由84.67分上升至88.06分，该领域各项指标指数值均呈上升态势。

3.12 新疆维吾尔自治区

新疆维吾尔自治区生态文明状况见图3-12。2012—2017年，新疆维吾尔自治区生态文明状况总指数值分别为70.44分、71.03分、72.47分、72.89分、73.69分、74.95分，6年间在全国31个省（自治区、直辖市）中的排名分别为第28位、第29位、第29位、第29位、第29位、第29位。2012—2016年，新疆维吾尔自治区生态文明状况总体呈逐年上升的态势，但与全国均值仍有差距。

2012—2017年，新疆维吾尔自治区六大领域发展不均衡，其中生态文化、生态制度领域指数值均与全国均值持平，但生态空间、生态经济、生态环境、生态生活领域指数值远低于全国均值，存在明显的短板，生态文明建设水平需要进一步提高。生态空间领域，2012—2017年变化不大，指数值由61.29分缓慢下降至60.94分，主要原因为“自然保护区面积占辖区面积比例”指数值的降低；生态经济领域，2012—2017年呈稳步上升态势，指数值由67.74分逐渐上升至76.73分，主要原因为“主要污染物排放强度”指数值的增加；生态环境领域，2012—2017年呈稳步上升态势，指数值由72.63分上升至80.74分，经分析，得出其主要原因是该领域各项指标指数值均呈上升态势；生态生活领域，2012—2016年呈略微上升态势，指数值由75.43分上升至78.63分，2017年则略有降低，指数值降至77.92分，经分析，得出其主要原因是该领域2012—2016年各项指标指数值均呈上升态势，但2017年“居民生活行为”指数值有所下降；生态文化领域，2012—2017年的变化态势不规律，指数值由79.89分变化至80.64分，主要是由于“环境信息公开率”指标指数值的变化；生态制度领域，2012—2017年变化不大，指数值由70.86分缓慢变化至70.57分，经分析，得出其主要原因是该领域“生态文明建设县（市、区）相关创建比例”指数值有所增加，但“生态保护与建设投资”指数值有所减少。

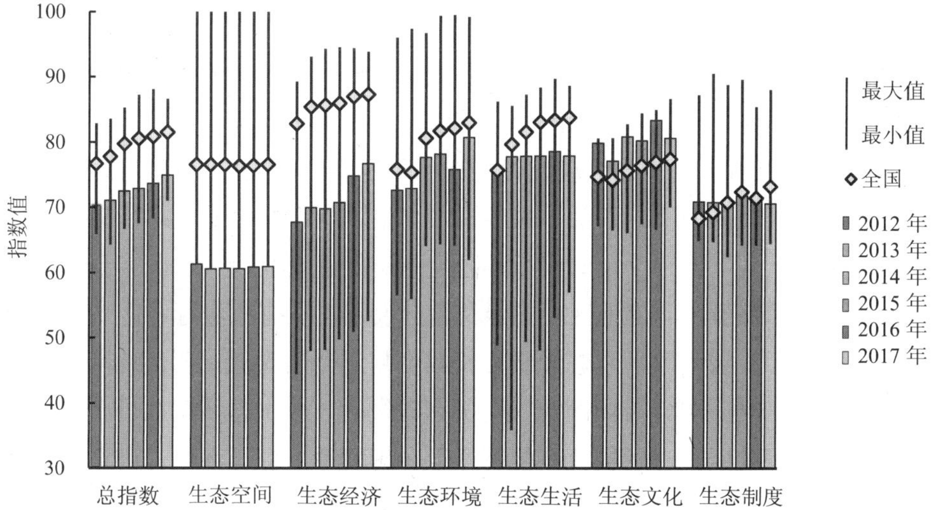

图3-12 新疆维吾尔自治区生态文明状况总指数及各领域指数状况

第4章　西部地区生态文明建设的趋势

西部地区生态文明建设评价量化呈现了西部地区各省（自治区、直辖市）最新的生态文明建设状况。为反映党的十八大以来西部地区生态文明建设发展态势，检验生态文明建设成效，揭示存在的问题，通过对西部地区生态文明建设发展态势分析，为西部地区进一步推进生态文明建设提供参考和借鉴。

4.1　西部地区各省（自治区、直辖市）生态文明建设进步态势

西部地区各省（自治区、直辖市）是维护我国生态安全的重要屏障，党的十八大以来，西部地区各省（自治区、直辖市）生态文明建设取得了积极进展。西部地区12个省级行政区生态文明建设均有明显进步，其中9个省级行政区生态文明进步幅度高于全国均值。西部地区各省（自治区、直辖市）生态基础较脆弱，生态空间拓展艰难，仅有5个省级行政区生态空间建设取得进步，其余7个省级行政区生态空间退步。西部地区生态经济蓬勃发展，所有省级行政区均有显著增长，并且有9个省级行政区生态经济增长幅度超过全国均值。西部地区各省（自治区、直辖市）普遍环境基础相对较好，所有省级行政区生态环境在进一步改善，其中9个省级行政区生态环境改善幅度好于全国均值。由于环境基础设施相对落后，西部地区各省（自治区、直辖市）生态生活建设提高空间较大，所有省级行政区生态生活均有不同程度的进步，但仅有2个省级行政区生态生活进步幅度在全国均值之上。生态文化建设方面，西部地区有10个省级行政区生态文化建设取得进步，其中9个省级行政区生态文化进步幅度超过全国均值。西部地区有8个省级行政区生态制度落实情况取得积极进步，但仅有2个省级行政区进步幅度超过全国均值，见表4-1。

表 4-1　2012—2017 年西部地区各省（自治区、直辖市）生态文明建设及各领域总体上升率及排名

地区	生态文明建设		生态空间		生态经济		生态环境		生态生活		生态文化		生态制度	
	上升率/%	排名	上升率/%	排名	上升率/%	排名	上升率/%	排名	上升率/%	排名	上升率/%	排名	上升率/%	排名
内蒙古	6.03	10	−1.45	12	8.22	8	10.63	8	2.86	11	8.07	2	3.83	5
广西	9.59	3	−0.03	6	6.35	9	29.33	1	5.84	5	4.27	9	0.42	8
重庆	4.25	12	−0.72	11	4.75	12	10.24	9	5.38	7	4.60	6	−4.23	11
四川	7.37	6	0.16	5	5.11	10	17.76	3	8.36	3	7.94	3	−0.79	10
贵州	12.22	2	−0.46	8	35.78	1	11.33	6	1.20	12	7.82	4	5.12	3
云南	7.75	4	0.90	2	10.86	6	15.39	5	2.92	10	6.84	5	2.02	7
西藏	7.70	5	1.19	1	18.44	2	0.79	12	16.72	2	4.31	7	10.21	1
陕西	6.56	7	−0.38	7	4.82	11	15.92	4	5.72	6	−1.07	11	9.14	2
甘肃	12.79	1	0.40	4	18.34	3	18.83	2	33.97	1	−1.43	12	−6.41	12
青海	5.98	11	0.47	3	9.92	7	6.98	10	7.03	4	4.27	8	2.78	6
宁夏	6.27	9	−0.58	10	17.76	4	1.12	11	3.94	8	9.95	1	4.01	4
新疆	6.41	8	−0.58	9	13.27	5	11.17	7	3.30	9	0.95	10	−0.41	9
全国	6.27	—	0.03	—	5.41	—	9.37	—	10.61	—	3.59	—	7.12	—

2012—2017 年，西部地区各省（自治区、直辖市）生态文明建设总体进步幅度分析显示，各省（自治区、直辖市）进步幅度差异较大。甘肃生态文明建设进步幅度高居榜首，上升率达 12.79%，主要得益于生态生活、生态环境、生态经济等领域的大幅提高，生态制度落实与生态文化普及均排名西部地区各省（自治区、直辖市）末尾，还有较大提升空间。贵州排名次之，生态文明建设总体上升率达 12.22%，主要源于生态经济快速崛起，生态文化、生态制度推广落实得力，但贵州生态空间状况总体小幅退步，需引起警惕。广西生态文明建设进步幅度跻身西部地区前三，上升率为 9.59%，主要由于生态环境大幅改善，但生态经济增长、生态文化普及和生态制度落实在西部地区排名靠后，生态空间状况小幅退步，后续生态文明建设任务依然艰巨。

2012—2017 年，重庆市生态文明水平较高，但生态文明建设总体进步幅度排名西部地区各省（自治区、直辖市）末尾，主要由于生态经济增长和生态环境改善幅度在西部地区排名相对靠后，并且生态制度落实和生态空间拓展均有退步。青海生态文明建设总体进步幅度仅高于重庆，主要是由于生态环境改善幅度较小。内蒙古生态文明建设总体进步幅度也低于全国整体水平，是由于生态空间退步幅度较大，生态经济、生态生活、生态环境改善幅度较小。

2012—2017 年，西部地区各省（自治区、直辖市）历年生态文明建设进步态势分析显示，西部地区乃至全国生态文明建设都进入了攻坚克难的关键时期，推进生态文明建设的难度越来越大，见图 4-1。西部地区仅有甘肃、贵州、云南、四川、新疆 5 个省（自治区）生态文明建设保持了连续进步的态势，广西、西藏、宁夏、内蒙古、新疆 5 个省（自治区）有一个年份生态文明建设退步，陕西和青海有 2 个年份生态文明建设退步，见表 4-2。2012—2013 年，西藏由于生态生活建设大幅退步，生态文化普及与生态环境改善小幅下滑，导致生态文明建设退步；青海生态文明建设退步，是生态生活退步、生态环境改善回落所导致。2013—2014 年，西部地区推进生态文明建设形势较好，12 个省（自治区、直辖市）生态文明建设均取得进步。2014—2015 年，青海生态文明建设小幅退步，是由于生态环境改善、生态空间拓展与生态经济发展都有不同程度的退步。2015—2016 年，陕西生态空间拓展、生态生活建设和生态环境改善退步，导致生态文明建设退步；宁夏生态文明建设退步，是由于生态文化普及、生态制度落实、生态生活建设以及生态环境改善均有不同程度的退步。2016—2017 年，西部地区生态文明建设退步的省级行政区达到 4 个。广西是由于生态制度落实、生态经济增长、生态环境改善退步，导致生态文明建设退步；陕西生态文明建设退步，是受到生态经济增长、生态文化推广及生态生活建设退步的影响；内蒙古由于生态经济增长、生态生活建设、生态制度执行退步，整体生态文明建设出现下滑；重庆在生态空间拓展、生态经济增长、生态环境改善、生态生活建设、生态文化普及 5 个方面均有小幅回落，导致整体生态文明建设退步。

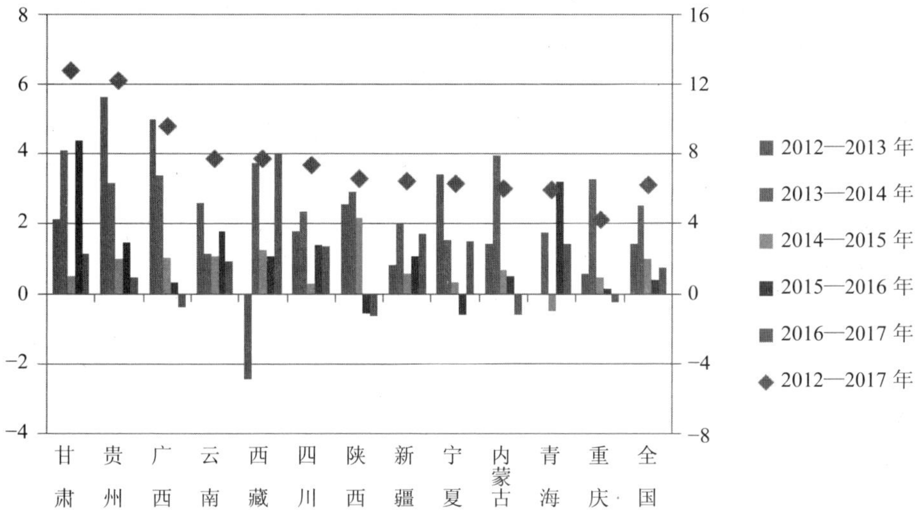

图 4-1　2012—2017 年全国及西部地区各省（自治区、直辖市）历年生态文明建设进步态势

表 4-2　2012—2017 年西部地区各省（自治区、直辖市）历年生态文明建设上升率及排名

单位：%

排名	地区	2012—2017 年	2012—2013 年	2013—2014 年	2014—2015 年	2015—2016 年	2016—2017 年
1	甘肃	12.79	2.13	4.10	0.50	4.37	1.14
2	贵州	12.22	5.62	3.19	1.02	1.45	0.48
3	广西	9.59	4.99	3.37	1.03	0.33	−0.38
4	云南	7.75	2.59	1.13	1.06	1.80	0.94
5	西藏	7.70	−2.43	3.74	1.26	1.07	3.97
6	四川	7.37	1.77	2.37	0.28	1.38	1.37
7	陕西	6.56	2.58	2.91	2.17	−0.57	−0.63
8	新疆	6.41	0.84	2.03	0.59	1.09	1.72
9	宁夏	6.27	3.42	1.52	0.33	−0.61	1.51
10	内蒙古	6.03	1.42	3.94	0.70	0.49	−0.61
11	青海	5.98	−0.01	1.76	−0.48	3.20	1.42
12	重庆	4.25	0.58	3.27	0.46	0.16	−0.25
全国		6.27	1.44	2.52	0.99	0.41	0.77

4.2 西部地区各省（自治区、直辖市）生态空间进步态势

西部地区各省（自治区、直辖市）在我国生态安全格局中占据着重要地位，森林和湿地面积都占到全国的 50%以上，我国自然保护区面积的 81.9%分布在西部，随着我国一系列生态保护与建设工程的实施，生态环境保护取得了一定成效，但整体生态状况仍较为脆弱。2012—2017 年，西部地区各省（自治区、直辖市）生态空间拓展总体进步幅度分析显示，西藏进步幅度最大，为 1.19%，云南、青海、甘肃、四川也有小幅进步，广西、陕西、贵州、新疆、宁夏、重庆、内蒙古的生态空间有不同程度的退步，见表 4-3。由于生态建设见效时间周期较长，且部分指标（生物丰度指数、植被覆盖指数、水网密度指数和土地胁迫指数）的统计方法在 2014 年有调整，2012 年、2013 年数据无法纳入计算，导致各省（自治区、直辖市）2012—2014 年生态空间进步幅度以及总体进步幅度偏低。

表 4-3 2012—2017 年西部地区各省（自治区、直辖市）历年生态空间上升率及排名

单位：%

排名	地区	2012—2017 年	2012—2013 年	2013—2014 年	2014—2015 年	2015—2016 年	2016—2017 年
1	西藏	1.19	0.00	0.00	−0.34	1.21	0.32
2	云南	0.90	0.01	−0.06	0.39	0.60	−0.03
3	青海	0.47	0.00	0.00	−0.25	0.00	0.72
4	甘肃	0.40	0.00	0.00	−0.15	−0.16	0.71
5	四川	0.16	0.00	0.00	−0.29	0.15	0.30
6	广西	−0.03	0.01	−0.15	0.30	−0.58	0.39
7	陕西	−0.38	0.01	−0.17	−0.92	−0.65	1.36
8	贵州	−0.46	−0.42	0.05	−0.29	0.14	0.06
9	新疆	−0.58	−1.18	0.14	−0.07	0.42	0.13
10	宁夏	−0.58	−0.05	0.00	−1.22	0.53	0.16
11	重庆	−0.72	−0.06	−0.09	−0.17	−0.05	−0.35
12	内蒙古	−1.45	0.00	−0.88	−0.53	−0.19	0.15
全国		0.03	0.00	0.00	−0.27	0.11	0.19

西藏、云南、青海占据西部地区各省（自治区、直辖市）生态空间拓展总体进步幅度前 3 名，主要得益于植被覆盖指数和水网密度指数的显著上升。甘肃自然保护区面积占辖区面积比重大幅增加，植被覆盖指数上升，驱动生态空间建设取得进步。四川生态空间拓展进步，是由于植被覆盖指数提高。内蒙古生态空间退步幅度最大，主要由于自然保护区面积占辖区面积比重下降且植被覆盖指数和水网密度指数回落。宁夏和重庆生态空间退步，是自然保护区面积占辖区面积比重和植被覆盖指数下降、土地胁迫指数上升所致。新疆主要由于自然保护区面积占辖区面积比重降低，导致生态空间退步。

2012—2017 年，西部地区各省（自治区、直辖市）历年生态空间建设进步态势分析显示，没有省（自治区、直辖市）保持连续进步的态势，加强西部地区生态保护与建设任重道远。在这 6 年间，西藏、青海、四川有 1 个年份生态空间建设退步，生态空间建设有 2 个年份退步的省（自治区、直辖市）包括云南、甘肃、广西、贵州、新疆和宁夏，陕西、内蒙古有 3 个年份生态空间建设有不同程度的退步，重庆在考察的 5 个年份生态空间建设持续退步，见图 4-2。由于 2014 年生物丰度指数、植被覆盖指数、水网密度指数、土地胁迫指数 4 项指标统计方法有所调整，2012—2013 年和 2013—2014 年上述指标未纳入上升率计算，生态空间建设的变化主要受到自然保护区面积占辖区面积比重的影响。2014—2015 年，仅有云南、广西生态空间进步，其余 10 个省（自治区、直辖市）生态空间均有不同程度的退步，宁夏的生态空间退步幅度较大，主要是由于植被覆盖指数下降；陕西和内蒙古植被覆盖指数、水网密度指数双双降低，导致生态空间退步；西藏、青海、甘肃、四川、贵州、新疆、重庆的生态空间退步幅度相对较小，幅度在 0.5%以内。2015—2016 年，甘肃、广西、陕西、重庆和内蒙古的生态空间均有所退步，其中陕西和广西生态空间退步幅度超过 0.5%，陕西生态空间退步是由于水网密度指数下降，土地胁迫指数小幅上升；广西生态空间退步则是由于自然保护区面积占辖区面积比重降低。2016—2017 年，西部地区各省（自治区、直辖市）生态空间整体形势逐渐好转，表明党的十八大以来生态保护与建设的相关措施初见成效，西部地区各省（自治区、直辖市）中只有云南和重庆生态空间小幅退步，重庆生态空间退步是由于自然保护区面积占辖区面积比重下降，云南生态空间退步主要是植被覆盖指数降低所致。

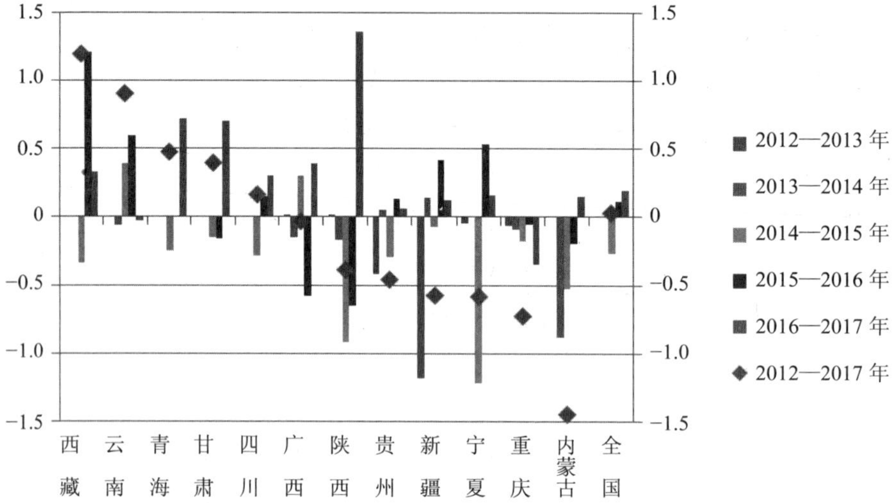

图 4-2　2012—2017 年全国及西部地区各省（自治区、直辖市）历年生态空间建设进步态势

4.3　西部地区各省（自治区、直辖市）生态经济进步态势

我国西部地区经济社会水平相对落后，发展方式相对粗放，资源利用水平偏低，对生态环境影响较大，在决胜全面建成小康社会的关键时期，西部地区经济社会发展需求迫切，如何统筹协调好西部地区经济发展与生态环境改善的关系，摆脱“先污染，后治理”的传统工业化发展模式，实现绿色崛起，成为当前西部地区各省（自治区、直辖市）共同面临的重大课题。2012—2017 年，西部地区各省（自治区、直辖市）生态经济发展总体进步幅度分析显示，西部地区所有省（自治区、直辖市）生态经济发展均取得显著进步，其中贵州生态经济进步幅度达 35.78%，远高于西部地区其他省（自治区、直辖市），占据排行榜首位，排名其后的西藏、甘肃、宁夏、新疆、云南的生态经济进步幅度都超过了 10%，此外青海、内蒙古、广西的生态经济进步幅度也在全国整体水平之上，四川、陕西、重庆的生态经济进步幅度低于全国均值，见表 4-4。

表 4-4 2012—2017 年西部地区各省（自治区、直辖市）历年生态经济上升率及排名

单位：%

排名	地区	2012—2017 年	2012—2013 年	2013—2014 年	2014—2015 年	2015—2016 年	2016—2017 年
1	贵州	35.78	17.60	5.89	4.62	2.63	1.55
2	西藏	18.44	7.97	0.36	3.29	2.33	3.41
3	甘肃	18.34	7.39	0.07	1.00	7.71	1.22
4	宁夏	17.76	5.00	2.97	−0.19	9.30	−0.16
5	新疆	13.27	3.25	−0.22	1.34	5.84	2.51
6	云南	10.86	7.74	0.61	1.13	1.65	−0.51
7	青海	9.92	2.99	0.26	−0.18	4.94	1.61
8	内蒙古	8.22	5.31	1.36	−0.63	5.02	−2.85
9	广西	6.35	4.76	−1.06	0.80	2.69	−0.87
10	四川	5.11	2.07	0.52	0.64	1.34	0.46
11	陕西	4.82	3.91	0.91	0.93	3.78	−4.56
12	重庆	4.75	4.44	1.37	0.26	−0.15	−1.17
全国		5.41	3.11	0.29	0.34	1.20	0.38

贵州、西藏、甘肃、云南的生态经济发展进步幅度较大，均得益于资源利用效率大幅提升，能源消费结构优化，主要污染物排放强度大幅降低。宁夏、新疆、青海、内蒙古和广西的水资源利用效率提高，主要污染物排放强度下降，生态经济发展也取得较大进步。四川、陕西、重庆虽然生态经济进步幅度低于全国整体水平，但其在提高资源利用效率、优化能源消费结构、控制污染物排放强调等方面取得了积极进展。总之，西部地区各省（自治区、直辖市）生态经济建设成效显著，但这些地区经济发展与生态环境保护的矛盾依然存在，经济和社会发展中的资源能源利用效率较低，资源综合循环利用能力不强，工业固体废物综合利用率普遍下降，大多数省（自治区、直辖市）化肥、农药施用强度增加，其资源消耗产生的污染物排放，导致环境改善压力不断上升。

2012—2017 年，西部地区各省（自治区、直辖市）历年生态经济发展进步态势分析显示，推动经济发展方式绿色转型，优化资源利用模式，提高资源能源利用效率，减少污染物排放，能够收到立竿见影的效果。党的十八大以来，西部各

省（自治区、直辖市）推进生态经济发展总体成效显著，但只有贵州、西藏、甘肃、四川的生态经济保持了连年进步的态势，新疆、云南、青海、陕西分别有 1 个年份生态经济退步，宁夏、内蒙古、广西、重庆有 2 个年份生态经济退步，见图 4-3。2012—2013 年，西部地区生态经济发展势头较好，所有省（自治区、直辖市）都有不同程度的进步，并且有 10 个省（自治区、直辖市）生态经济发展进步幅度均超过全国均值的进步幅度，贵州资源利用效率大幅提高，主要污染物排放强度明显下降，生态经济年进步幅度达到 17.60%。2013—2014 年，广西生态经济退步，主要由于资源综合循环利用发展不足，农药、化肥施用强度持续攀升；新疆受到农药、化肥施用强度加大，农业面源污染风险上升影响，生态经济发展小幅退步。2014—2015 年，内蒙古、宁夏、青海资源综合循环利用退步，资源能源利用效率提升缓慢，青海资源能源利用效率甚至出现下降，导致这些地区生态经济发展退步。2015—2016 年，重庆生态经济发展小幅退步，主要是由于资源综合循环利用水平退步。2016—2017 年，陕西、内蒙古、重庆、广西、云南、宁夏的生态经济发展均有不同程度的退步，陕西退步幅度较大，主要受到资源综合循环利用大幅退步的影响；内蒙古资源综合循环利用退步，资源能源利用效率降低，导致生态经济发展退步；重庆生态经济退步，主要由于其资源综合循环利用下滑；广西、云南、宁夏的资源综合循环利用退步，资源利用效率下降，造成生态经济小幅退步。

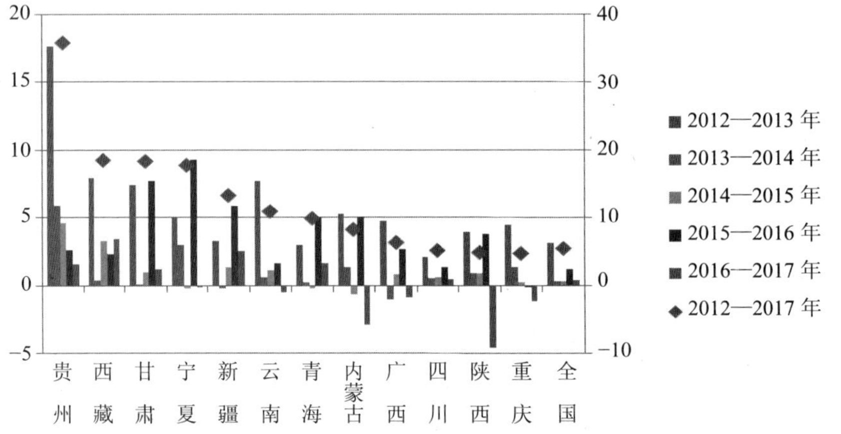

图 4-3　2012—2017 年全国及西部地区各省（自治区、直辖市）历年生态经济发展进步态势

4.4 西部地区各省（自治区、直辖市）生态环境进步态势

环境是人类的栖身之境，是人们生存发展所必需的基础物质条件。良好的环境是最公平的公共产品，也是最普惠的民生福祉，改善生态环境是我国生态文明建设的直接目标。2012—2017 年，西部地区各省（自治区、直辖市）生态环境改善总体进步幅度分析显示，西部所有省（自治区、直辖市）生态环境状况均有所改善，但各省（自治区、直辖市）间生态环境改善幅度差异较大，广西生态环境改善幅度最大，为 29.33%，排名紧随其后的甘肃、四川、陕西、云南、贵州、新疆、内蒙古、重庆的生态环境改善幅度都超过全国均值，达到 10%以上，青海、宁夏、西藏的生态环境改善幅度低于全国均值，见表 4-5。

表 4-5　2012—2017 年西部地区各省（自治区、直辖市）历年生态环境上升率及排名

单位：%

排名	地区	2012—2017 年	2012—2013 年	2013—2014 年	2014—2015 年	2015—2016 年	2016—2017 年
1	广西	29.33	13.36	13.46	−0.13	1.39	−0.71
2	甘肃	18.83	−0.70	11.93	−1.24	5.34	2.78
3	四川	17.76	2.37	7.92	0.30	3.68	2.51
4	陕西	15.92	3.90	8.79	5.34	−5.48	2.99
5	云南	15.39	3.10	4.10	1.25	4.79	1.32
6	贵州	11.33	4.88	4.60	0.81	−0.85	1.53
7	新疆	11.17	0.40	6.55	0.66	−2.99	6.43
8	内蒙古	10.63	−2.78	14.34	0.19	−2.09	1.45
9	重庆	10.24	−1.31	11.85	0.39	0.00	−0.52
10	青海	6.98	−4.15	7.18	−2.75	4.14	2.82
11	宁夏	1.12	3.15	2.10	2.42	−7.79	1.67
12	西藏	0.79	−1.90	−1.17	2.02	−0.78	2.69
全国		9.37	−0.65	6.96	1.37	0.50	1.02

广西生态环境大幅改善，主要得益于地级以上城市空气质量好转，矿山地质环境恢复治理力度加大，辖区内水土流失情况有所缓解。西部地区各省（自治区、直辖市）中甘肃生态环境改善幅度排第 2 位，主要是由于其地级以上城市空气质量、地表水体质量改善，水土流失治理以及矿山地质环境恢复治理力度都大幅加强。四川生态环境改善幅度较大，主要是由于地级以上城市空气质量大幅度好转，地表水体质量改善，水土流失治理力度加大，水土流失状况得到缓解。生态环境改善幅度低于全国整体水平的有青海、西藏和宁夏。青海生态环境改善幅度较小，主要受到矿山地质环境恢复治理力度减弱的影响；西藏自然本底受人类经济活动影响较小，生态环境基础相对较好，生态环境改善空间有限，如地表水国控断面水质已 100%好于Ⅲ类水质标准，因此变化幅度不大；宁夏由于地表水体质量有恶化的趋势，导致整体生态环境改善幅度偏小。

2012—2017 年，西部地区各省（自治区、直辖市）历年生态环境改善进步态势分析显示，只有四川、云南的生态环境保持连续改善的态势，陕西、贵州、新疆、宁夏有 1 个年份生态环境出现退步，广西、甘肃、内蒙古、重庆、青海有 2 个年份生态环境退步，西藏有 3 个年份生态环境退步，见图 4-4。2012—2013 年，青海、内蒙古、西藏、重庆、甘肃的生态环境状况均有不同程度的退步。青海生态环境退步主要受到水土流失治理以及矿山地质环境恢复治理力度较弱的影响；内蒙古矿山地质环境恢复治理力度下降，地表水体质量有恶化的趋势，导致生态环境退步；西藏、甘肃生态环境退步，都是地表水体质量退化所致，这些地区生态环境脆弱，一旦遭到破坏，修复治理难度极大，需要引起足够重视；重庆生态环境状况退步，主要由于矿山地质环境恢复治理力度减弱所致。2013—2014 年，全国普遍生态环境明显改善，整体进步幅度达 6.96%，内蒙古、广西、甘肃、重庆、陕西、四川、青海的生态环境改善幅度超过全国均值，西部地区各省（自治区、直辖市）中只有西藏生态环境状况退步，是由于其地级以上城市空气质量下降，地表水体质量在持续退化。2014—2015 年，青海、甘肃、广西生态环境均有所退步，主要是由于水土流失治理、矿山地质环境恢复治理等生态修复措施力度不足。2015—2016 年，宁夏、内蒙古、贵州地表水体质量下降，导致生态环境退步；陕西、新疆生态环境退步，主要是由于地表水体质量与地级以上城市空气质量双双降低；西藏生态环境小幅下滑，是受到地级以上城市空气质量退步的影响。

2016—2017 年，广西、重庆生态环境小幅退步，主要由于地级以上城市空气质量下降。

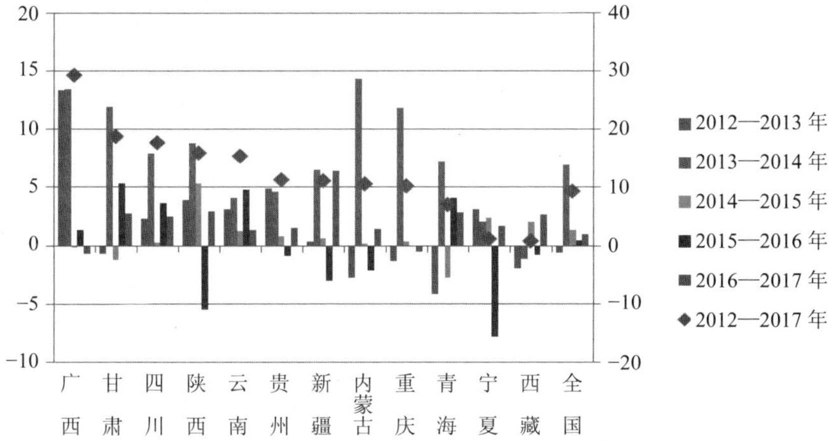

图 4-4　2012—2017 年全国及西部地区各省（自治区、直辖市）历年生态环境改善进步态势

4.5　西部地区各省（自治区、直辖市）生态生活进步态势

生活领域的污染物排放已成为我国主要环境污染来源之一，西部地区经济社会发展水平相对落后，城乡环境基础设施不够健全，生活领域所导致的污染形势尤为严峻，尽快完善环境基础设施建设，加快生活方式绿色转型刻不容缓。2012—2017 年，西部地区各省（自治区、直辖市）生态生活总体进步幅度分析显示，所有省（自治区、直辖市）均有不同程度的进步，但仅有甘肃、西藏的进步幅度超过全国均值，其余 10 个省（自治区、直辖市）进步幅度都在全国均值之下，见表 4-6。西部地区各省（自治区、直辖市）生态生活基础较薄弱，进步幅度普遍偏低，东、西部生态生活发展差距进一步扩大，呈两极分化的趋势，需要引起足够重视。

表 4-6 2012—2017 年西部地区各省（自治区、直辖市）历年生态生活上升率及排名

单位：%

排名	地区	2012—2017 年	2012—2013 年	2013—2014 年	2014—2015 年	2015—2016 年	2016—2017 年
1	甘肃	33.97	7.11	7.25	4.21	6.39	5.20
2	西藏	16.72	−26.49	37.50	−2.62	10.43	7.39
3	四川	8.36	1.71	0.00	3.82	0.12	2.50
4	青海	7.03	−0.36	1.28	1.44	5.39	−0.79
5	广西	5.84	2.09	3.19	−1.26	0.42	1.33
6	陕西	5.72	4.03	4.18	0.03	−0.53	−1.97
7	重庆	5.38	1.35	1.96	1.82	0.54	−0.39
8	宁夏	3.94	7.27	−0.90	−1.89	−1.13	0.80
9	新疆	3.30	3.13	0.15	0.03	0.89	−0.90
10	云南	2.92	−1.62	1.65	−0.09	0.50	2.49
11	内蒙古	2.86	2.03	0.96	1.14	0.51	−1.77
12	贵州	1.20	2.44	−0.78	−0.31	0.82	−0.93
全国		10.61	5.21	2.39	1.83	0.38	0.46

西部地区各省（自治区、直辖市）中，甘肃生态生活进步幅度高居榜首，达33.97%，主要得益于其城乡环境基础设施不断完善，城市生活垃圾无害化处理率、污水处理率大幅提高，农村饮用水安全人口占比和无害化卫生厕所普及率显著上升，秸秆禁烧监测火点数量明显减少。西藏生态生活进步幅度排第 2 名，源于经济社会发展对民生的反哺效果显著，公众绿色出行情况、农村饮用水安全人口占比、建成区绿化覆盖率都有大幅提升。其余各省（自治区、直辖市）生态生活进步幅度较小，普遍受到居民生活行为的影响，人均日生活用水量不断上升，此外内蒙古的秸秆禁烧监测火点有增加态势，青海公众绿色出行情况退步，公共交通客运总量占人口总数的比例下降。

2012—2017 年，西部地区各省（自治区、直辖市）历年生态生活进步态势分析显示，仅甘肃、四川的生态生活保持连年进步的态势，广西、重庆、新疆、内蒙古有 1 个年份生态生活退步，西藏、青海、陕西、云南有 2 个年份生态生活出

现退步，宁夏、贵州有 3 个年份生态生活退步，见图 4-5。2012—2013 年，全国整体生态生活进步幅度较大，仅宁夏、甘肃生态生活进步幅度超过全国均值。西藏、云南、青海的生态生活均有所退步，西藏的生态生活退步幅度较大，主要是由于城镇化建设提速，城市绿化建设未能及时跟进，建成区绿化覆盖率降低，且人均日生活用水量大幅上升；云南、青海生态生活小幅退步，云南是由于城市污水处理率、建成区绿化覆盖率下降，人均日生活用水量增加所致；青海则是由于城市生活垃圾无害化处理率、建成区绿化覆盖率、农村无害化卫生厕所普及率降低，农村秸秆禁烧监测火点增加所致。2013—2014 年，西藏生态生活大幅回升，主要得益于城市绿化建设及时跟进，建成区绿化覆盖率大幅增加。宁夏、贵州生态生活小幅退步，宁夏生态生活退步主要是由于城市污水处理率下降，人均日生活用水量上升所致；贵州生态生活退步受农村秸秆禁烧监测火点数和人均日生活用水量增加的影响。2014—2015 年，西藏、宁夏、广西、贵州、云南的生态生活均有不同程度的退步。西藏生态生活退步是由于建成区绿化覆盖率再次回落，人均日生活用水量大幅增加所致；宁夏、云南生态生活退步主要是由于城市生活垃圾无害化处理率明显下降，人均日生活用水量上升所致；广西生态生活退步是由于建成区绿化覆盖率降低、公众绿色出行情况退步、公共交通客运总量占人口总数的比例下降、人均日生活用水量增加所致；贵州生态生活退步主要受居民生活行为的影响，公众绿色出行情况退步，公共交通客运总量占人口总数比例降低，人均日生活用水量增加。2015—2016 年，西部地区各省（自治区、直辖市）生态生活推进势头较好，有 9 个省（自治区、直辖市）生态生活进步幅度超过全国均值。宁夏、陕西生态生活退步，宁夏生态生活退步主要受农村无害化卫生厕所普及率下降和居民生活行为的影响，公众绿色出行情况减少，人均日生活用水量增加。陕西生态生活退步主要是由于农村秸秆禁烧监测火点数量和人均日生活用水量上升。2016—2017 年，陕西、内蒙古、贵州、新疆、青海、重庆的生态生活退步，除重庆之外的其余省（自治区、直辖市）人均日生活用水量均有所增加，陕西还受到农村无害化卫生厕所普及率下降的影响，内蒙古生态生活退步主要是由于农村秸秆禁烧监测火点数上升所致；公众绿色出行减少，公共交通客运总量占人口总数的比例下降，贵州、新疆公众绿色出行比例降低，青海城市生活垃圾无害化处理率和公众绿色出行比例均有下降，重庆生态生活退步主要由于城市污水处理率和农村无害化卫生厕所普及率降低所致。

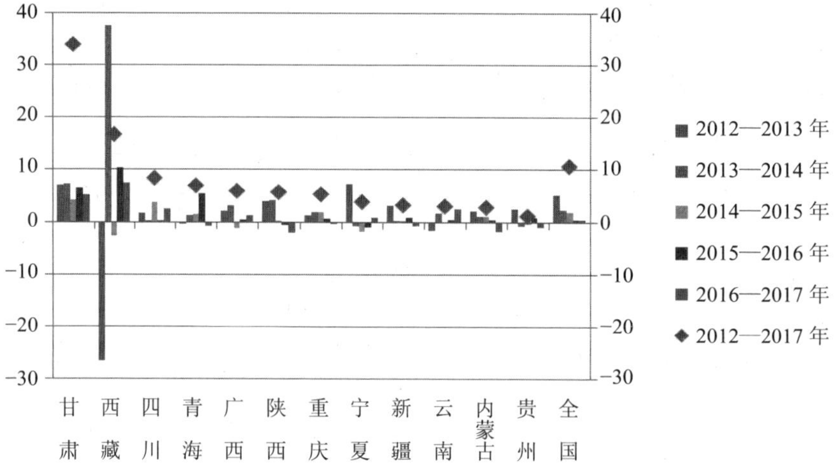

图 4-5　2012—2017 年全国及西部地区各省（自治区、直辖市）历年生态生活进步态势

4.6　西部地区各省（自治区、直辖市）生态文化进步态势

生态、环境、资源危机的发生归根结底在于社会未树立起人与自然和谐共荣的文化观念。当前，我国公民对生态文明意识已有一定的认同度和知晓度，但离生态文明建设的要求还有较大差距。生态文明建设要实现人与自然和谐共赢的协调发展，迫切需要繁荣生态文化，加大宣传教育力度，增强社会各界生态文明意识，树立生态文明理念，激发公众自觉参与生态文明建设的内生动力，为生态文明建设营造良好的社会氛围。2012—2017 年，西部地区各省（自治区、直辖市）生态文化总体进步幅度分析显示，宁夏、内蒙古、四川、贵州、云南、重庆、西藏、青海、广西、新疆生态文明建设均有所进步，其中前 9 个省（自治区、直辖市）生态文化建设进步幅度超过全国均值，陕西和甘肃生态文化建设均有所退步，见表 4-7。

表 4-7　2012—2017 年西部地区各省（自治区、直辖市）历年生态文化上升率及排名

单位：%

排名	地区	2012—2017 年	2012—2013 年	2013—2014 年	2014—2015 年	2015—2016 年	2016—2017 年
1	宁夏	9.95	2.01	4.14	0.21	−3.31	6.82
2	内蒙古	8.07	2.91	1.46	4.27	−2.46	1.77
3	四川	7.94	3.07	2.20	−0.91	1.24	2.14
4	贵州	7.82	0.41	3.50	2.49	−2.60	3.92
5	云南	6.84	1.20	1.84	1.51	−0.22	2.35
6	重庆	4.60	−0.91	3.69	−1.62	4.56	−1.03
7	西藏	4.31	−0.97	−0.59	2.09	−1.30	5.16
8	青海	4.27	1.34	−0.20	0.06	−2.23	5.39
9	广西	4.27	1.54	−0.62	2.72	−1.16	1.77
10	新疆	0.95	−3.44	4.84	−0.76	3.88	−3.26
11	陕西	−1.07	−2.61	−0.49	3.70	0.69	−2.22
12	甘肃	−1.43	−3.10	2.75	−0.59	4.88	−5.05
全国		3.59	−0.63	1.92	1.03	0.64	0.59

由于生态文化考察领域公众对生态环境的满意率和公众生态文明知识知晓度指标都只有 1 个年份的数据，无法反映动态的变化形势。西部地区各省（自治区、直辖市）生态文化进步状况主要受环境信息公开情况变化的影响。宁夏、内蒙古、四川占据了西部地区各省（自治区、直辖市）生态文化总体进步幅度排行榜的前 3 名；甘肃、陕西环境信息公开不进反退，而此后的甘肃祁连山国家级自然保护区和陕西秦岭限制开发区域的生态环境破坏事件相继东窗事发，或许在此时已初露端倪。

2012—2017 年，西部地区各省（自治区、直辖市）历年生态文化进步态势分析显示，没有省（自治区、直辖市）生态文化保持连续进步的态势，宁夏、内蒙古、四川、贵州、云南有 1 个年份生态文化退步，青海、广西有 2 个年份生态文化退步，重庆、西藏、新疆、陕西、甘肃有 3 个年份生态文化出现退步，见图 4-6。2012—2013 年，新疆、甘肃、陕西、西藏、重庆的环境信息公开退步，生态文化

建设下滑。2013—2014 年，广西、西藏、陕西、青海的环境信息公开小幅退步。2014—2015 年，重庆、四川、新疆、甘肃的环境信息公开退步。2015—2016 年，宁夏、贵州、内蒙古、青海、西藏、广西、云南的环境信息公开退步。2016—2017 年，甘肃、新疆、陕西、重庆的环境信息公开退步。

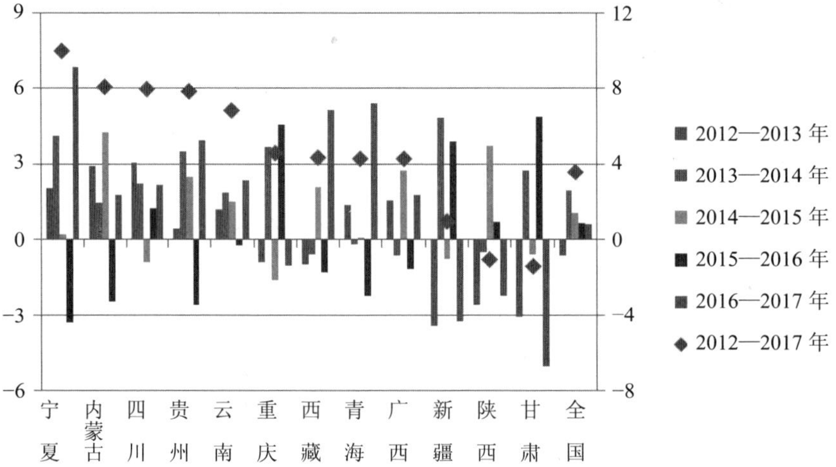

图 4-6　2012—2017 年全国及西部地区各省（自治区、直辖市）历年生态文化建设进步态势

4.7　西部地区各省（自治区、直辖市）生态制度进步态势

生态文明建设深入推进，必须依靠完备的制度体系作保障。我国早已明确环境保护、资源节约的基本国策，制定了生态环境相关领域的一系列法律制度，但收效却未及预期。一方面，相关法律制度不健全、层次不清、立法处于“群龙无首”的状态，导致实施效果大打折扣；另一方面，已有制度执行过程中，受到经济至上、区域或部门保护主义等狭隘观念影响，以及制度本身可操作性等方面因素制约，未能真正落实。为适应我国生态文明建设实践需要，党的十八大以来，新一轮生态文明体制改革已全面启动，生态文明制度的顶层设计架构基本完成，覆盖源头预防、过程监管、损害赔偿、责任追究全过程的生态文明制度体系日趋完善。2012—2017 年，西部地区各省（自治区、直辖市）生态制度执行进步幅度

分析显示，西藏、陕西、贵州、宁夏、内蒙古、青海、云南、广西的生态制度执行均有不同程度的进步，其中西藏生态制度执行进步幅度最高达 10.21%，陕西生态制度执行进步幅度次之，超过全国均值，其余省（自治区、直辖市）生态制度执行进步幅度均在全国均值之下，新疆、四川、重庆、甘肃的生态制度执行均有不同程度的退步，见表 4-8。

表 4-8　2012—2017 年西部地区各省（自治区、直辖市）历年生态制度上升率及排名

单位：%

排名	地区	2012—2017 年	2012—2013 年	2013—2014 年	2014—2015 年	2015—2016 年	2016—2017 年
1	西藏	10.21	5.20	−0.79	2.64	−6.28	9.79
2	陕西	9.14	3.19	0.52	3.90	0.02	1.23
3	贵州	5.12	−0.26	3.71	−3.88	10.68	−4.47
4	宁夏	4.01	1.81	−0.24	2.40	−3.13	3.23
5	内蒙古	3.83	2.35	0.26	3.02	0.00	−1.77
6	青海	2.78	2.32	−2.14	0.65	3.87	−1.83
7	云南	2.02	0.79	−3.72	2.65	1.00	1.40
8	广西	0.42	1.56	0.69	7.04	−4.75	−3.69
9	新疆	−0.41	−0.15	−0.24	1.66	−0.90	−0.75
10	四川	−0.79	1.17	1.24	−3.43	0.00	0.30
11	重庆	−4.23	−2.60	−4.34	2.15	−2.71	3.42
12	甘肃	−6.41	−2.23	−1.32	0.32	−2.04	−1.28
全国		7.12	1.35	2.14	2.31	−1.35	2.53

西藏生态制度执行进步幅度最高，为 10.21%，主要得益于环境污染治理投资总额占 GDP 比重大幅提升。陕西生态制度执行进步幅度较大，表现在生态文明建设相关创建比例提高，环境污染治理投资总额占 GDP 比重和地方财政环保支出占财政总支出比重增加。甘肃、重庆生态制度执行退步幅度较大，是由于生态保护与治理投资全面减少，环境污染治理投资总额占 GDP 比重、林业生态建设与保护投资占林业产业总产值比重和地方财政环保支出占财政总支出比重均有不同程度的下降。四川生态制度执行退步主要受到林业生态建设与保护投资占林业产业总

产值比重、地方财政环保支出占财政总支出比重双重降低的影响，新疆受地方财政环保支出占财政总支出比重大幅下降的影响，生态制度执行退步。

2012—2017 年，西部地区各省（自治区、直辖市）历年生态制度执行进步态势分析显示，仅陕西保持着连年进步的发展态势，内蒙古、云南、四川有 1 个年份生态制度退步，西藏、贵州、宁夏、青海、广西有 2 个年份生态制度执行退步，重庆有 3 个年份生态制度出现退步，新疆、甘肃有 4 个年份生态制度执行退步，见图 4-7。2012—2013 年，重庆、甘肃、贵州、新疆的份生态制度退步，重庆生态制度退步是由于生态保护与治理投资减少，环境污染治理投资总额占 GDP 比重、林业生态建设与保护投资占林业产业总产值比重、地方财政环保支出占财政总支出比重全面下降；甘肃、贵州生态制度退步是由于林业生态建设与保护投资占林业总产值比重和地方财政环保支出占财政总支出比重降低；新疆生态制度退步主要受到地方财政环保支出占财政总支出比重减少的影响。2013—2014 年，西部地区超过半数的省级行政区生态制度执行退步，重庆、青海、甘肃生态保护与治理投资减少，环境污染治理投资总额占 GDP 比重、林业生态建设与保护投资占林业产业总产值比重、地方财政环保支出占财政总支出比重全面下降；云南生态制度退步主要是由于环境污染治理投资总额占 GDP 比重和地方财政环保支出占财政总支出比重降低；西藏生态制度退步受环境污染治理投资总额占 GDP 比重和林业生态建设与保护投资占林业产业总产值比重下降的影响；新疆、宁夏生态制度退步是由于地方财政环保支出占财政总支出比重降低。2014—2015 年，贵州和四川的生态制度执行退步，且退步幅度较明显，贵州生态退步是由于环境污染治理投资总额占 GDP 比重和林业生态建设与保护投资占林业产业总产值比重下降；四川生态制度退步是由于生态保护与治理投资减少，环境污染治理投资总额占 GDP 比重、林业生态建设与保护投资占林业产业总产值比重、地方财政环保支出占财政总支出比重全面走低。2015—2016 年，西藏、广西、宁夏、重庆、甘肃、新疆的生态制度执行退步，西藏生态制度退步幅度较大，是由于林业生态建设与保护投资占林业产业总产值比重和地方财政环保支出占财政总支出比重下降；广西、甘肃生态制度退步是受到环境污染治理投资总额占 GDP 比重、地方财政环保支出占财政总支出比重降低的影响；宁夏、新疆生态制度退步主要由于地方财政环保支出占财政总支出比重下降；重庆生态制度退步是由于生态保护与治理投资减少，环境污染治理投资总额占 GDP 比重、林业生态建设与保护投资占林业产业总产值比重、地方财政环保支出占财政总支出比重全面下行。2016—2017 年，贵州、广西、青海、内蒙古、甘肃、新疆等的生态制度执行退步，贵州生态制度退步受林业生态建设与保护投资占林业产业总产值比重、地方财政环保支出占财政总支出比重降低的影响；广西、甘肃生态制度退步主要是由于环境污染治理投资总额占 GDP 比重下降；青海生态制度退步是由于环境污染治理投资总额占 GDP 比重和地方财政环保支出占财政总支出比重减少；内蒙古、新疆生态制度退步则是缘于地方财政环保支出占财政总支出比重降低。

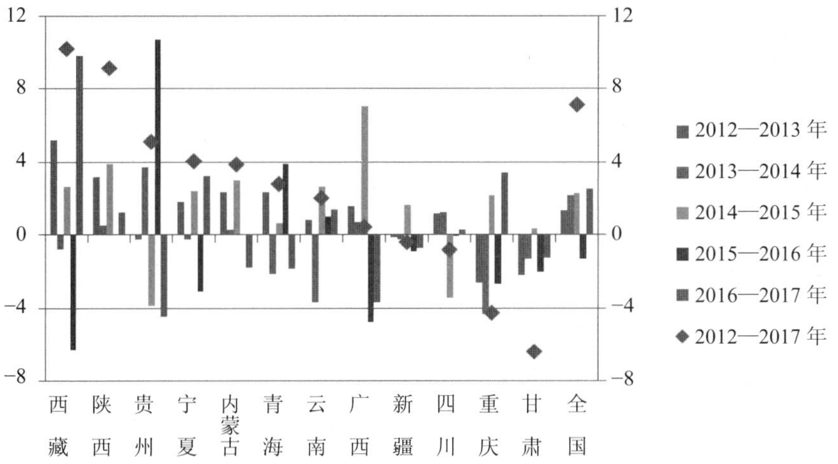

图 4-7　2012—2017 年全国及西部地区各省（自治区、直辖市）历年生态制度执行进步态势

第5章　西部地区生态文明建设的对策建议

加快西部地区生态文明建设的步伐，必须在国家统一的安排下，结合各省（自治区、直辖市）实际，在完善西部地区生态文明建设相关制度体系的基础上，通过探索生态建设与脱贫致富的互促共赢机制，因地制宜地发展优势特色产业，加强基础设施建设，形成西部大开发新格局。

5.1　完善西部地区生态文明建设相关制度体系

5.1.1　结合西部地区特征，健全完善生态文明建设的制度体系

西部地区 12 个省（自治区、直辖市）亟须根据宪法，结合自身区域实际，加强本地区生态环境保护的立法、执法力度，逐步建立和完善西部开发法律法规体系。西部地区各级人民政府公务人员要提高法治意识，确保法律法规的有效实施，树立诚信政府形象，为推进西部大开发营造良好的法制环境。西部地区应该制定和完善生态环境保护法律体系，要在治理保护水资源、防治污染、整治农田、退耕还林还草、保护森林和矿产资源等生态建设方面明确制定相关政策制度，并严格执行。

西部地区 12 个省（自治区、直辖市）之间应逐步建立起联防联控的生态文明建设法制体系，全面统筹规范西部地区的生态环境管理，确保从省级行政区到地市、县、乡级行政区，形成全覆盖，为社会治理提供生态保障；对违背生态保护法律规定的行为予以坚决制止和严厉惩罚，在司法上清理旧账、不欠新账；全面对西部地区生态破坏重大案件进行清查和追责，以腾格里沙漠排放污染事件为戒；通过快速追责形成震慑，遏制生态破坏行为。

西部地区应加快构建生态文明建设的绿色制度体系，把资源消耗、环境损害、生态效益等指标纳入经济社会发展评价体系，完善生态环保考核奖惩机制，建立健全生态环保责任追究制度和环境损害赔偿制度，建立绿色政绩考核体系。建立社会公众环境保护与生态文明建设的参与机制和监督机制，增强社会公众生态文明建设的责任感和积极性。特别是要明确地方党委、行政负责人的生态环境保护责任，将生态环境保护工作放在全局工作的首位，避免管理上的弱化使生态环境治理功亏一篑。

5.1.2　加快完善与主体功能区配套的政策，切实增强区域管理执行能力

西部地区 12 个省（自治区、直辖市）需根据各自的主体功能区划和发展定位，在全国生态文明建设指标体系和评价体系的基础上形成适应各省（自治区、直辖市）特色的体系，避免“一刀切”现象。建议西部地区完善区域管理的机构与组织，并加快主体功能区规划立法进程；切实增强区域管理执行能力，推动生态文明建设的跨界和跨区域协同；通过建章立制对生态文明建设规划进行规范，确保规划具有科学性、可持续性、包容性和可操作性，提升区域管理执行能力。

5.1.3　加快建立生态保护补偿机制，开展生态补偿试点对口帮扶

全国生态环境是一个有机整体，西部地区向沿海地区输出大量能源、原材料等，造成部分资源过度消耗和生态环境破坏，发达地区应该按照“谁利用谁补偿、谁受益谁补偿”的原则进行反哺。建议设立生态环境补偿基金，用于西部地区节能减排、结构调整、生态建设和环境保护；建议从国家层面在西部地区积极开展生态补偿试点，划定“国家生态特区”，建立生态补偿专项基金。实施生态帮扶计划，在西部地区生态文明试点同东部沿海发达地区的生态县（市）之间建立对口帮扶关系，制定包括资金、产业发展、干部交流、人员培训等内容的帮扶规划。

西部生态屏障区承担着保障国家生态安全的功能，建议进一步完善针对国家生态屏障保护的生态补偿机制，明确生态屏障区的基本公共服务能力不低于全国平均水平，确保该类地区不再因为生存和发展的原因而进行破坏型开发建设；构建生态屏障保护国家补偿制度，推动建立流域横向生态补偿机制和东、中、西区

域生态补偿制度；加强生态补偿制度顶层设计，从单一要素补偿、分类补偿向综合性补偿发展；对西部生态屏障贫困区的转移支付补偿由“输血式补偿”转变到“造血式补偿”，与当地经济转型、发展能力提升和居民脱贫致富紧密结合。

建立国家公园是保护西部生态屏障的重要方向之一。建议西部地区在青藏高原、三江源等重点生态屏障区建立西部国家公园群，从而构建新型自然保护地体系；建立公众参与合作管理机制，吸引公众参与保护国家公园；积极探索资源变资产、“绿水青山就是金山银山”的发展道路，优化国家公园经济效益分配，确保资源持续保护、永续发展，实现生态资产的正增长。

5.1.4 科学合理地实施节能减排措施，健全淘汰落后产能的政策引导机制

西部地区应加快推进工业绿色转型，结合国家西部大开发和“新丝绸之路经济带”的发展战略，强化新上项目环评，加快推进西部地区工业结构调整和产业转型升级；做强西部地区特色和优势工业，实施原材料行业由初级加工向精深加工转变；发挥西部地区的能源和资源优势，大力发展分布智能电网，提升风电、水电等清洁能源利用水平；科学合理地实施节能减排措施，避免“一刀切”现象的出现。对西部老工业基地建议安排专项补助资金，对淘汰的企业和人员进行补偿和安置；建立存量退出与增量进入的挂钩机制，对“关小上大”，或通过技改扩能、企业重组满足政策要求的企业，国家在项目核准审批、建设用地计划、环评等方面给予优先支持。

西部地区应该借鉴国内外先进的技术和经验，应用现代生态技术，针对西部地区水土流失、荒漠化严重等主要生态问题进行科技攻关。西部地区要以“节能减排”“关停并转”为契机，按照产业多元、产业延伸、产业升级的要求，在自身资源能源优势的基础上，培育煤制油、煤制甲醇等科技含量高、经济效益好的能源化工产业。

5.1.5 加快市场导向的经济政策引导和激励，建立全国碳排放交易平台

西部地区应建立以环境容量为基础的排放交易制度，鼓励企业加快转型升级，

设立排放提前达标奖励制度等，在遵守法规的前提下，激励自觉领先减排的企业，避免发生守法成本高、违法成本低的“劣币驱除良币”现象。西部地区还应持续完善产权制度，清晰界定产权并给予法律保护，实施生态服务价值由使用者付费机制，确保西部贫困地区的生态服务和发展机会损失获得对价补偿。

目前国家已启动全国碳排放交易体系，建设全国碳排放权交易市场是利用市场机制控制和减少温室气体排放、推动绿色低碳发展的一项重大制度创新与实践。重庆作为西部地区唯一参与全国碳市场联建的省级行政区，应积极按照成员省级行政区“联建联维、央地共管”原则，做好相关配合工作。同时，西部地区应继续推进碳交易试点，积极发挥重庆的试点示范作用，为西部地区兄弟省（自治区、直辖市）碳市场建设提供服务，助力国家统一碳市场建设。

5.2 探索生态建设与脱贫致富的互促共赢机制

5.2.1 用习近平生态文明思想系统指导西部地区的精准扶贫

绿色发展是西部地区实现可持续发展的重要议题，是脱贫和可持续发展的有效途径。习近平总书记提出的“绿水青山就是金山银山”理念强调强化主体功能定位，优化国土空间开发格局，强调把生态资源作为可持续发展的最大本钱。西部地区应将生态资本和生态文化作为精准扶贫的桥梁和纽带，不断丰富发展经济和保护生态之间的辩证关系，不断丰富西部地区精准扶贫与生态资源开发之间的内在联系，不断丰富巩固脱贫成果和生态经济持续性之间的支撑作用，在实践中融入“绿水青山就是金山银山”理念，用系统、精准的生态扶贫政策、生态扶贫项目、生态扶贫举措，转化为决胜西部地区全面小康最生动的现实。西部地区应牢固树立保护生态环境就是保护生产力、改善生态环境就是发展生产力的理念，着力在“增绿促扶贫”“护蓝助扶贫”上下功夫，更加自觉地推动绿色发展促进精准扶贫的绩效，更加主动地挖掘潜力，保障精准扶贫的长效。

5.2.2 扶持区域产业发展，打赢扶贫攻坚战

西部地区应持续推进生态脆弱贫困区的生态建设与保护产业化进程，践行

“绿水青山就是金山银山”理念，将生态建设提升到缓解经济发展与生态环境保护压力、实现富民惠民的高度。西部地区应以生态保护工程实施和生态综合治理为契机，因地制宜地探索生态建设与保护产业的发展模式。

建议西部地区挖掘地方性生态价值，推进生态资源型产业发展战略，做大做强生态农业，做强做精文化旅游产业，积极培育生物产业、新能源等新兴产业。结合退耕还林、退牧还草、公益林补偿、天然林资源保护、三北防护林体系建设及生态综合治理等重点生态工程，扩充生态建设与保护就业岗位，为生态保护区的农牧民提供就业机会，稳定提高农牧民的收入水平。西部地区应拓展整村推进扶贫工程，促进农村生活环境与自然环境融合。鼓励多方整合资源进行统一规划、集中投入，进一步推进基础设施及社会事业发展重点项目建设。

实施易地搬迁扶贫工程，将生活在自然条件恶劣、地质灾害频发、缺乏基本生存条件、就地脱贫无望的生态脆弱区人口迁移至资源和环境承载能力强的地区。西部地区应加强职业技能培训，鼓励贫困地区劳动力向东部沿海地区转移，从根本上缓解当地人口和环境资源压力。

5.2.3 结合地方特色，推进西部地区生态扶贫

西部地区应将生态扶贫作为精准扶贫的重要途径之一统筹考虑，结合主体功能区规划和集中连片特困地区扶贫攻坚规划，按照重点发展区、农业发展区、生态保护区等不同类别，从行政区域的不同层次，科学制定生态扶贫规划，并明确时间表、路线图和任务书。

实施生态扶贫应精准识别扶贫对象，坚持因地制宜、因势利导，力争实现“一村一品”“一村一业”。在实施新一轮退耕还林工程时，要坚持宜林则林、宜草则草，生态条件好、农业产量高、基础设施完善、经济效益良好的坡耕地和河谷地不盲目退耕；水土流失严重的陡坡薄地以营造生态林为主，不强行发展经济林；适宜发展经济林的坡耕地要采取林下种苗和生物埂（篱）护坡等控制水土流失的措施；适合发展牧草的坡耕地要选择种植多年生的优质牧草；高海拔地区和退化严重的草场要广泛推行封山绿化、退牧封草、休养生息等措施。

5.3 结合西部特征，因地制宜地发展优势特色产业

5.3.1 转变生产方式和消费模式

由于西部地区产业结构比较单一，在发展过程中很可能会遇到污染环境、低附加值的产业转移，西部各级政府一定要扭转“先污染后治理、先破坏再重建”，经济增长第一的落后思想，树立生态系统生产总值（GEP）概念，绝不能因为片面追求经济利益而接受污染产业的转移，绝不能采用牺牲环境的手段盲目招商引资；要着力提高经济增长的质量和效益，努力把速度、结构、质量、效益统一在又好又快发展过程中，不断保护和增强发展的可持续性。按照主体功能区划安排，西部地区要确定不同区域的功能定位，把区域经济发展与能源节约、环境保护有机结合起来，对生态环境建设做长期的、全局性的发展规划。在西部生态环境脆弱地区，当地政府应当抓好荒山、荒坡、沙地的治理和绿化工作，植树种草，继续开展退耕还林还草，防治水土流失。

西部地区应当立足自身优势，因地制宜地发展低碳能源和可再生能源。充分利用丰富的水能、风能、太阳能优势促进清洁能源的发展，提高新能源商业化水平，在发展水电、太阳能热水器等技术手段的基础上，引进光伏发电、生物质能转换技术和地热发电等技术，合理布局风力发电。西部地区跨越式发展要合理利用和保护资源，走新型工业化道路，建立资源节约型国民经济体系，建立可持续发展的综合决策机制和协调机制，实现生态平衡和经济社会的可持续发展，实现环境和经济发展双赢。

5.3.2 发展循环经济和低碳经济

西部地区资源丰富但分布不均，有些地区并没有资源优势，而且西部地区生态环境脆弱，资源开发的生态环境代价巨大。因此，西部地区跨越式发展不可能在大量消耗矿产、能源等资源的背景下实现。如果继续走传统发展道路，沿用高投入、高能耗、高排放、低效率的粗放型发展模式，以生产废物转移的“末端治理”方式减少环境污染，必将阻碍西部地区跨越式发展。循环经济把清洁生产、

资源综合利用、环境保护等融为一体，运用生态学规律来指导人类经济社会活动，本质上是一种可持续发展的生态经济，对西部地区可持续发展和生态文明建设具有重要意义。发展循环经济是用政府行为整合经济社会资源，是对市场行为的补充，需要地方政府在其中充分发挥主导作用。

西部地区发展循环经济应高标准运作，始终坚持循环经济发展理念，转变数字经济和政绩工程驱使下的线性经济观念，认识到循环经济是经济发展数量与质量的结合，是可持续发展的重要举措。西部地区要在引进设备、技术、人才方面加大投入力度，从本地资源型产业入手，重点突破、循序渐进；西部地区要制定关于循环经济的地区性规章或政策性文件，引导企业积极主动参加循环经济生产；对高耗能企业和高污染企业要完善除尘设施、净化设施；各级监管部门要加强监管，对未达标企业加大惩处力度，对严重违法违规企业要坚决取缔，对积极响应的企业要给予一定的政策优惠；培植生态产业链，提高资源综合利用水平，形成上下游产品有序链接，多次循环利用、转化增值的产业体系，实现由单一的资源开发向深加工转化，使产品附加值大幅增长；西部地区要形成各种物质流动的闭路系统，园区内企业相互链接、资源和废弃物充分利用，最大限度地减少环境污染，使循环经济工业园区成为支撑经济发展的增长点。

5.4　加强基础设施建设，形成西部大开发新格局

2019 年 3 月 19 日，中央全面深化改革委员会第七次会议审议通过了《关于新时代推进西部大开发形成新格局的指导意见》（以下简称《意见》），《意见》指出，推进西部大开发形成新格局，要围绕抓重点、补短板、强弱项，更加注重抓好大保护，从中华民族长远利益考虑，把生态环境保护放到重要位置，坚持走生态优先、绿色发展的新路子。要更加注重抓好大开放，发挥共建“一带一路”的引领带动作用，加快建设内外通道和区域性枢纽，完善基础设施网络，提高对外开放和外向型经济发展水平。要更加注重推动高质量发展，贯彻落实新发展理念，深化供给侧结构性改革，促进西部地区经济社会发展与人口、资源、环境相协调。

5.4.1　加快交通基础设施建设

西部地区应积极实施“双百工程”。开展农村公路建设工程，实现乡镇和建制村通硬化路、通客车，改造公路危桥，改善贫困地区发展旅游产业等交通条件。实施高速公路、铁路、机场等百项骨干通道工程，实现二级及以上高等级公路基本覆盖所有县城，铁路和高速公路基本覆盖市（地、州）行政中心，加快形成以干线（高速）铁路公路为主骨架的交通网络建设。把以综合交通、水利、能源、信息、物流为主要内容的“五网”基础设施建设作为全面建成小康社会的“支撑性工程”来抓。

5.4.2　加快水利基础设施建设

西部地区在建设水利工程过程中要不断创新管理模式，充分发挥市场机制作用。把质量安全放在首位，落实各级管理部门质量和安全责任制，进行全程跟踪并采用市场第三方监管的方式，对建设单位开展信用评级，建立有效的激励约束和奖优罚劣机制，确保水利工程质量。西部地区要因地制宜地发展中小型农田水利，尤其是小水窖、小水池、小泵站、小塘坝、小水渠“五小水利”工程，从而有效调节水资源时空分布，满足耕地灌溉、农作物用水需求等，为农业生产和发展创造良好的条件。西部地区还要积极推进节水灌溉，不断推广渠道防渗、管道输水及喷灌滴灌等技术，增加农田有效灌溉面积。同时推进高标准农田建设。

5.4.3　加快网络基础设施建设

在扩大宽带网络普及率过程中，西部地区必须结合当地人口密度等条件，因地制宜地选择合适的技术手段，如光纤、同轴电缆、卫星等有线或无线方式分类分阶段加快宽带网络向乡镇、村落延伸。并针对不同地区的需求特点，积极引导企业履行社会责任，尽快研发简单易用、成本低的智能终端，逐步改善西部较贫困地区的上网条件，激发贫困地区潜在的信息消费需求，并开展技术应用培训和推广。西部地区还要加强各类涉农信息资源的深度开发，完善农村信息化业务平台和服务中心，提高综合网络信息服务水平，使互联网成为西部地区贫困家庭和贫困人口脱贫致富的重要帮手。

第二篇

西部地区

生态文明建设案例选编

第 6 章　陕西省：生态空间理论与陕西实践

自然生态空间是指具有自然属性，以提供生态产品或生态服务为主导功能的国土空间。生态空间包括需要保护和合理利用的海洋、森林、草原、湿地、荒漠、河流、湖泊、荒地等。生态空间与农业空间、城镇空间一起，构成了完整的国土空间。陕西的实践体现了生态空间理论在生态文明建设进程中的重要作用。

6.1　陕西特色生态空间

陕西生态空间特色鲜明，熠熠生辉。大秦岭连接东西，和合南北，左手牵着长江，右手挽着黄河。大秦岭的腹腰在陕西，主峰在陕西，精华在陕西。大秦岭之北是黄河，之南是长江，而陕西是唯一全境在黄河与长江干流之间的省级行政区。秦岭是渭河（黄河最大的支流）与汉江（长江最大的支流）的分水岭。华山是秦岭最具人文气质的一大支脉，曾是华夏族聚落中心。华山是渭河与（南）洛河的分水岭。河流滋养着文明，而河流的根脉在生态空间，陕西生态空间涵养着汉江、渭水、南洛河以及泾河、洛河、延河、无定河……秦岭—华山与渭河一起塑造了千年古都——长安，秦岭—华山与洛河一起塑造了千年帝都洛阳。秦岭是中华绿芯，也是陕西体量最大、功能最完整、价值最高的生态空间，这里不仅有世界四大顶级生态宝贝——大熊猫、朱鹮、羚牛、金丝猴，而且有中华四宝——秦岭水、森林、文脉、美景。秦岭之水，滋润西安，滋润关中，滋润大半个陕西，且沿着南水北调中线工程输水总干渠，一路北上滋润华北平原。秦岭之水堪称“秦岭第一宝”。黄土高原是中华文明的发祥地，延安是黄土高原绿芯。（北）洛河、延河穿延安绿芯而过，黄帝陵在延安绿芯安卧。陕西国土空间，约 70%是生态空间。习近平总书记指出：黄帝陵、兵马俑、延安宝塔、秦岭、华山等是中华文明、中国革命、中华地理的精神标识和自然标识。陕西生态空间的质量和颜值，不仅关系自身的农业空间和城镇空间的永续发展，还关系全国生态空间安全，关系中华民族永续发展大格局。

曾几何时，天生丽质的陕西生态空间因过度挤压，严重透支，不堪重负，面目全非。秦岭巴山原始森林生态系统遭遇摧残残败的命运；黄土高原森林生态系统走向崩溃，尽显污泥浊水荒山秃岭；关中平原也变得是“八百里秦川尘土飞扬”，以至于不少当代中国人误以为陕西向来就是这般场景。重建优美的生态环境，恢复昔日的生态自信，一直以来是陕西人心中的梦想。进入 21 世纪以来，特别是党的十八大以来，生态文明建设成为陕西发展的新路标。生态保护修复策马扬鞭，陕西已初步在生态空间上向世界呈现“陕西绿”：绿芯秦岭绽放生机，关中大地园林化、城市森林化，延安黄土变绿海，榆林草灌锁沙丘。然而，当下的“陕西绿”是“浅绿”而非“深绿”，特别是在陕北长城岭、渭北唐岭（唐帝陵）、秦岭山体坡脚，还存在明显的绿色断裂带。现在是“陕西绿”，而非“陕西美”，距离生态空间高质量、高颜值的要求还存在巨大差距。推动陕西生态空间由“浅绿色”向“深绿色”转变，由“陕西绿”向“陕西美”跨越，是建设美丽陕西的现实要求，也是必由之路。

6.2 生态空间五大阵地

在陕西生态空间上，不仅有森林、草原、湿地，还有荒漠及地质遗迹、风景名胜等自然景观和人文景观，这些要素结合在一起，共同构成生态空间上的林业五大阵地。

6.2.1 森林

森林生态系统是陕西生态空间面积最大、最为重要的部分。第九次全国森林资源清查结果显示，陕西省森林面积 887 万公顷，占国土空间（森林覆盖率）总面积的 43.06%。陕西森林分为秦岭（巴山）森林和黄土高原森林（关山、子午岭、黄龙山）两大部分。天然林承载了生态空间最稳定的群落、最完备的生态功能、最丰富的生物多样性，是陕西生态空间的“绿宝石”。陕西天然林面积 562 万公顷，约占森林面积的2/3，其中2/3分布于秦岭巴山。秦岭巴山是汉丹江所在，中国核心水源地所在。陕西森林特别是黄土高原上的森林，以集体林居多、国有林较少，以纯林居多、混交林较少，以针叶林居多、阔叶林较少，以中幼林居多、成林较少，林分质量不高，森林生态系统尚处在恢复当中，森林生态服务功能有待提升。

6.2.2　草原

陕西草原544万公顷（部分与森林重叠），占国土空间总面积的26.48%，主要分布在榆林、延安，天然草地约占96%，且绝大部分为国有草原。草原生态系统是陕西生态空间第二大生态系统，是防止沙漠化的前沿阵地，在维护黄土高原生态安全中具有重要作用。进入21世纪以来，通过封山禁牧，建立沙化土地封禁保护区，实施退耕还林还草工程，陕西草原生态系统逐步得以恢复。新一轮机构改革中，草原监管职责由农业部门划转林草部门，意味着草原是生态空间而不是农业空间，是自然生态资源而不是畜牧产业资源。推动草原生态保护修复，加快恢复草原生态服务功能，已经成为林草部门的使命担当。

6.2.3　湿地

第二次全国湿地资源调查显示，陕西有4个湿地类12个湿地型，8公顷以上各类湿地总面积达30.8万公顷，占国土空间总面积的1.5%。陕西地处内陆腹地，山地面积较大，湿地面积较小。由于陕西横跨长江、黄河两大流域，陕西湿地在调节气候、涵养水源和维护生物多样性方面具有重要作用。2006年，陕西省人大常委会颁布实施了《陕西省湿地保护条例》，标志着陕西省湿地保护修复迈向制度化。目前，陕西省已建立9个湿地自然保护区、43个国家湿地公园，湿地保护地面积占湿地总面积的39%。

6.2.4　荒漠

根据陕西省第五次荒漠化和沙化土地监测成果，全省荒漠化土地280万公顷、沙化土地135万公顷，分别占国土空间总面积的13.6%和6.5%（与草原面积有交叉重复）。主要分布在陕北长城岭一线，包括榆林的定边、靖边、横山、榆阳、神木、府谷、佳县、米脂、子洲、绥德、清涧，延安的吴起等。近年来，陕西省多措并举防沙治沙，年均治理沙地 105 万亩[①]，流动沙地基本消除，沙区植被覆盖度由 1.8%恢复到 60%，植被改善气候贡献率达 38.6%。

6.2.5 大地景观

大地景观是由多种地貌类型、多种生态系统组合而成的特殊地理单元，也是陕西生态空间最为亮丽、最具特色的部分。陕西省大地景观包括西岳华山、壶口瀑布、黄河蛇曲、镇巴天坑、柞水溶洞、靖边丹霞地貌等各类特色地质遗迹、地质公园、风景名胜区。目前，陕西省有地质遗迹 357 处，已建 19 处地质公园，面积达 70.5 万公顷，有 35 处风景名胜区，面积为 20.8 万公顷，二者合计占国土空间总面积的 4.5%（与其他自然公园有交叉重复）。大地景观不仅包含别具一格的自然景观，还包含人类活动形成的特色景象及建筑物，在满足人民群众日益增长的美好生活需求，实现人与自然和谐共生方面发挥了重要作用。

6.3 生态空间六条战线

在生态空间上，可以细分为六个方面，也可称为“六条战线”，即生态保护、生态恢复、生态重建、生态富民、生态服务、生态安全。

6.3.1 生态保护

生态保护红线本质上就是永久生态空间的边线，生态保护红线的保护范围是生态空间中生态功能重要、生态环境敏感脆弱的“永久生态空间”。大秦岭拥有原始森林、完整森林，被誉为“中国森林宝岛”“绿色水库”“生物基因库”“自然博物馆”“生态秘境”“野性天堂”。

秦岭是陕西生态保护的首要阵地。陕西开全国之先河，为一座山脉立法，颁布了《陕西省秦岭生态环境保护条例》。截至目前，陕西已建立以大熊猫国家公园为主体，各类自然保护区为基础，森林公园、湿地公园、地质公园、沙漠公园等各类自然公园为补充的九大类 256 个自然保护地，全省国土空间 18%的面积被纳

---

① 1 亩≈666.67 平方米。

入保护地体系。陕西组织“青山保卫战”，将秦岭巴山、陇山千山、子午岭黄龙山，全部生态空间纳入主战场。

6.3.2　生态恢复

除秦岭核心保护区外，陕西大部分生态空间由于原有的生态系统曾遭受重创形成天然次生林。正是这些以天然次生林为主的生态空间成为生态恢复的主阵地。天然林保护工程就是保护天然林和天然次生林，就是恢复次生林的生机与活力。封山育林、飞播造林、森林抚育，都是促进生态恢复的重要举措。残败的天然林是“浅绿色”，恢复起来就会转变为“深绿色”。最近 20 年，陕西绿由“浅”转“深”的区域集中在秦岭巴山、子午黄龙等区域，这是停止采伐天然林，实施生态恢复的最显著成果。“三年植树，不如一年禁牧”，在陕北森林草原地带，实行封山禁牧是生态恢复的有效路径。

6.3.3　生态重建

原有的生态空间在过去通过开山垦殖、围湖造田等方式，不少已被转化为农业空间，加之人类过度开垦、过度放牧，原有的生态系统彻底崩溃，这部分区域要重归生态空间就需要开展生态重建。主要措施包括退耕还林、还草、还湿，植树造林、绿化国土以及通过防沙治沙、荒漠化治理实现“沙退人进”。延安是全国退耕还林的一面旗帜，全域退耕带来了全域绿色，延安南部的“深绿色”是天然林恢复与退耕还林的叠加效应，延安北部的“浅绿色”是退耕还林带来的生态重建效应。榆林在毛乌素沙地南缘，通过防沙治沙开展生态重建，目前基本架构已经建立，并取得了显著成效，但人工林草植被向天然林草植被演化，还需要相当长的时间和长期不懈的努力。

6.3.4　生态富民

由于多种原因，一部分人口已经在生态空间上定居生活，这意味着将来仍然有一部分人口会继续依靠生态空间谋生存求发展。对于这部分人而言，生态空间就是生态财富，就是生活依靠。随着脱贫攻坚的深入推进，剩余的贫困人口大多集中在生态空间。据统计，陕西 84%的贫困人口集中在生态空间。积极推动生态产业化和产业生态化，通过发展林下经济、生态效益补偿、生态护林员补助等多种方式，让居住在生态空间的人民群众在生态建设中分享生态红利和经济收益。

6.3.5 生态服务

居住在城镇空间、农业空间上的城乡居民，羡慕着美丽的生态空间，想要亲身体验生态空间上的优美生态环境和优质生态产品。新时代“美丽经济”在生态空间上悄然兴起，特别是秦岭巴山生态资源丰富，要优先发展生态旅游、生态康养、生态体验、生态教育等生态服务业，让城乡居民走进美丽的生态空间，让美丽的生态空间提供美丽的生态服务。

6.3.6 生态安全

生态空间自然资源包括林地、草地、湿地、林木、野生动植物等。林业有害生物、森林草原火灾是生态空间安全的大敌。有害生物防治、森林草原防火、打击“五乱”、生态空间资源管控都是维护生态空间资源安全的重要职责。生态空间资源监管和防虫、防火、防盗合起来即是“一管三防”。陕西实施分级负责、上下联动、齐抓共管、常态监管，确保生态空间资源安全。

6.4 生态建设的五项保障

实现生态空间高质量，需要全面推动思想解放和观念更新，加快知识创新和技能提升，营造良好社会舆论氛围，加大资金支持力度，建设高素质的“生态绿军”，形成上下统一、责权清晰、科学高效的支撑保障体系。要立足一个空间，统筹五大阵地、六条战线，做好五项保障。

6.4.1 智能保障

为生态空间高颜值提供新的智能机制。林业是一个古老的部门，面对全新的生态空间，需要解放思想，更新观念，真正在思想观念上从一“业”——林业，向一个空间——生态空间转变。我们所说的林业科学技术，绝不是一“业”之科学技术，而是整个生态空间上“五大阵地”“六条战线”的科学技术。新时代新林人，面对全新的生态空间，知识恐慌、本领恐慌在所难免，加快知识创新、技能升级，转换智能模式已是大势所趋。应用新思想、新观念、新知识、新技能，精准把握生态空间规律，精准识别生态空间特征，精准制定生态保护修复方案，建立健全生态空间数据调查、资源共享、互联互通的创新服务平台和生态空间科学技术保障体系，不断提升生态空间知识和技能服务能力。

6.4.2　人文保障

为生态空间高颜值提供社会评价机制。在文化上，需要从一“业”向一个空间转变，建立与生态空间高颜值相适应的生态空间文化，让更多的人了解生态空间，爱护生态空间。要创新发展模式，拓宽传播渠道，全方位、多角度地展示美丽陕西生态空间新形象。要结合植树节、爱鸟周等主题活动，普及生态空间文化，培养生态空间意识，让生态空间文化扎根精神世界，形成精神图谱。生态空间文化根植自然生态空间之中，陕西自然生态空间熠熠生辉，陕西生态空间文化必将特色鲜明走在前列。秦岭、华山、骊山、终南山、太白山、宝塔山，黄河、渭河、汉江、延河、无定河，黄帝陵、炎帝陵、华胥陵以及秦岭四宝（大熊猫、朱鹮、金丝猴、羚牛），皆是陕西自然生态空间的重要标识，与之相对应的秦岭文化、华山文化、骊山文化、终南山文化、太白山文化、宝塔山文化，黄河文化、渭河文化、汉江文化、延河文化、无定河文化，华胥文化、炎帝文化、黄帝文化以及秦岭四宝文化，必将是陕西生态空间文化的重要板块。

6.4.3　资金保障

为生态空间高颜值建立多元投入机制。在本源上自然生态空间“厚德载物，生生不息”，并不需要人工干预，也就不需要“多元投入”。然而，在三大空间并立之后，因为相互依存产生了复杂的耦合关系。生态空间上的“五大阵地”“六条战线”，皆需要资金保障，权当是“树冠对树根的回报”。生态空间高颜值，就是提供生态产品、生态环境，这是最普惠的民生事业、公共服务，必然需要公共财政支撑，特别是中央财政优先支持保障。中央基础建设资金、专项资金，要向生态空间保护修复倾斜。进一步完善生态空间保护修复补偿机制，生态资源收费基金和有偿使用的征收管理办法。加强金融组织合作，发挥生态富民、生态服务领域资本吸引力，形成政府引导、市场推进、社会参与的多元化投融资渠道，激发生态空间保护修复内生动力。

6.4.4 制度保障

为生态空间高颜值建构政策法律体系。坚持用最严格制度、最严密法治保护生态空间，特别是永久生态空间。在原有森林、草原、湿地、荒漠化治理、大地景观“五大阵地”相关法律法规的基础上，逐步建立与生态空间“六条战线”相适应的法律法规体系。特别是要将以国家公园为主体、以自然保护区为基础、以自然公园为补充的自然保护地体系，划入生态保护红线，实行归口统一保护。要建立生态空间联席会议制度，强化生态空间法律监督，组建生态空间综合执法队伍，综合行使生态空间行政执法权。建立健全生态空间全领域、广覆盖的山长制、林长制，生态空间目标考核机制与责任追究机制，用法律制度确保生态空间建设管理高质量。

6.4.5 组织保障

为生态空间高颜值锻造过硬生态绿军。从一“业”到一个空间，是全方位、多角度的跨越式转变。要立足生态空间，将“五大阵地”“六条战线”深度融合为一体，再造组织结构和组织流程。要树立生态空间主人翁意识，发挥生态空间建设主力军作用，打造“政治强、业务精、形象好”的生态绿军。创建特色的生态绿军文化，建设过硬的生态绿军风纪。秦岭是世界级生态空间，四宝是世界级生态宝贝，生态绿军是生态空间、生态宝贝的忠诚卫士，要有秦岭四宝一般的精神魅力。要像大熊猫一般谦逊、博爱，像朱鹮一般和美、高远，像金丝猴一般机智、拼搏，像羚牛一般守正、团结，将“四宝精神”合力一起，决胜林业工作高质量，生态空间高颜值。

人与自然是生命共同体，城镇空间、农业空间和生态空间也是生命共同体。自然资源、生态环境两大部门，全程监管三大国土空间。而住建部门是城镇空间建设管理主体，农业部门是农业空间建设管理主体，新林业部门则是生态空间建设管理主体。从这个意义上讲，新林人应该具有生态自觉、生态自信，无愧于新时代，做生态空间的忠诚战士，创造数量更多、质量更好的生态产品，打造更加优美的生态环境，为美丽中国贡献陕西力量，为美丽陕西贡献林业力量。

（陕西省林业局局长　党双忍）

第 7 章　遵义市：牢守生态底线，积极保护生物多样性

遵义市地处我国西南腹地，位于贵州省北部，东与铜仁市和黔东南苗族侗族自治州相邻，东南与黔南布依族苗族自治州相邻，南与省会贵阳市接壤，西南和毕节市相邻，西与四川省交界，北与重庆市接壤，是贵州省第二大城市、新兴工业城市和重要农产品生产基地。遵义市森林覆盖率为 59%，高于贵州省和全国比率。市内野生动植物资源丰富，占贵州省稀有动植物资源总数的 93.3%。野生和常见的高等植物以亚热带常绿阔叶林为典型，具有植物区系南北过渡性和起源古老性的特点。遵义市 15 个自然保护区内，有野生植物 251 科 831 属 2 894 种，其中国家一级保护野生植物 9 种，国家二级保护野生植物 29 种，省级重点保护野生植物 39 种；列入《濒危野生动植物种国际贸易公约》附录 II 的兰科植物有 20 种。自然保护区内有野生动物 87 科 314 种，其中国家一级保护野生植物 4 种，国家二级保护野生植物 34 种。银杉、桫椤、珙桐、金花茶、黑叶猴、白冠长尾雉、大灵猫等都是被列为国家一级、二级重点保护的珍稀动植物。近年来，遵义市积极开展生物多样性保护，有力地促进了生态文明建设的进程。

7.1　开展生物多样性调查，建立评估与检测机制

开展生物多样性本底系统调查，主要是进行生物多样性本底综合调查及编目以及以保护和管理为导向的综合调查。开展水生生物资源多样性本底调查，包括湿地自然环境要素调查、湿地水环境情况调查、湿地野生动物调查、湿地植物和植被调查、湿地保护与管理状况调查。遵义市应开展中药资源普查，调查遵义市中药资源（包括动物和植物）的种类、地理分布生态环境、产藏量、用途，并编

目。开展第二次陆生野生动物资源调查；开展第二次重点保护野生植物资源调查，掌握重点保护的野生植物资源本底信息、消长情况和动态变化，为生态环境保护政策制定和管理决策过程中提供不可或缺的科学依据与基础资料；开展野生茶树、果树及优良品种种质资源调查，查清遵义市野生果树及地方优良品种、野生茶树及地方古茶树的资源本底信息，实现野生种质资源验证网络化、标准化，使珍稀濒危物种种群得到复壮和增殖、优良的遗传基因得到利用，促进遵义农产业健康发展。

7.2　优化植物多样性保护，建设健康生态保障系统

一是实施生态红线区域植物多样性重点管控。加强生物多样性极重要区管控，加快植物多样性恢复建设，加强乡土物种保护。

二是推进林业生态体系建设。根据全市四大区域经济社会发展战略布局，围绕四大区域的交通区位、资源禀赋、环境因子等要素，因地制宜、整合资源、分类指导，为推动遵义市四大区域中部率先崛起、西部全域突破、东部联动开发、北部全速攻坚竞相发展提供坚强的生态保证。

三是构建长江上游生态屏障。结合集体林权制度改革、竹产业发展、林下经济、森林旅游、特色中药材基地建设、“四在农家·美丽乡村”建设、赤水河保护“四河四带建设”及高速公路美化绿化工程，发展特色经济及林业产业实施。按照贵州省生态文明先行示范区建设实施方案，通过整合各个工程及社会资源，将遵义市目前尚存的 18.81 万亩荒山全部完成绿化造林，其中人工造林 9.72 万亩，封山育林 9.09 万亩。

四是注重古树名木保护工作。遵义市域古树名木共 2 万余株，这些古树名木一直受到精心管理与保护。2004 年按国家有关要求建档、设置了保护标牌，实行挂牌保护，古树名木保护率达到 100%。

五是提升湿地植物多样性建设。积极推进湿地公园建设，建成 10 个湿地公园并通过省级验收。遵义市挂牌湿地公园 20 处，其中国家级湿地公园 6 处，另外的 14 处省级湿地公园也已挑选出 4 处申报国家级湿地公园，计划使国家级湿地公园达到 10 处。

六是加大河道生态修复力度。重点开展生态红线区、饮用水水源地和清水通道的生态修复，综合运用调水引流、滨河绿化、疏浚拓浚等生态治理措施，恢复河道自然生态面貌。加大河道硬质驳岸生态化改造力度，使城市规划区范围内河道绿化普及率和自然岸线化率均达到80%以上，新开挖河道绿化普及率达100%。

七是因地制宜地配置湿地植物种类。加大退耕还湿、退渔还湿力度，针对不同河段湿地特征，因地制宜地配置湿地植物种类，选择以自然修复为主、人工种植为辅的植物恢复模式，增加植物多样性，增强湿地生态系统的稳定性。

八是丰富和完善市域绿地系统。市域绿地系统结构框架通过两个层面实现：第一，利用山脉、水系和交通防护林地等生态廊道，形成市域绿地系统生态绿化基底和主脉络，丰富和完善市域绿地系统；第二，高标准建设城镇绿化，规划城镇人均公园绿地 10 平方米以上。

九是构建中心城区绿地系统骨架。构建“一脉一带十一水”“三山三廊十一园”的中心城区绿地系统骨架；打造特色城市绿地景观系统，通过对城市自然资源的利用以及文化底蕴的梳理，建构人工和自然有机结合的城市绿地景观系统。规划形成“山水绕城、绿网连城、绿珠缀城”的整体景观格局。

十是因地制宜地选择绿化植被种类。结合中心城区现状的绿化建设，配合“多彩遵义”的主题，在现有绿化的基础上，合理运用基调树种，增加有色植物的应用，营造常绿、观花、闻香的绿化基调，形成独特的景观特色，强化城市的形象，提高城市的知名度。加强绿地生物多样性保护，根据现有园林绿化种树的结构体系，扩大观赏植物引种范围，以地带性植物为基础丰富植物种类。

7.3　提升动物多样性保护，打造多彩多样生态环境

一是加强生态廊道建设。遵义市地处云贵高原向湖南丘陵和四川盆地过渡的斜坡地带，在云贵高原的东北部，地形起伏大，大娄山山脉自西南向东北横亘其间，成为天然屏障，以大娄山山脉为分水岭，根据地形可将全市分为 3 个生态结构区域：乌江—大娄山生态区、大娄山—赤水河生态区、芙蓉江—大娄山生态区。

二是持续开展渔业资源增殖放流。建立合理的增殖放流模式，加强增殖放流质量和策略管理，促进鱼类产卵场和栖息地保护，加强鸟类栖息地保护，加快鸟

类栖息地保护与建设，加强对鸟类栖息地的保护管理。

7.4 加强遗传多样性保护，推进生态财富传承发展

一是加快物种资源库建立。在遵义市生物多样性资源调查的基础上，建立遵义市种子植物、园艺栽培植物和以动物为主的生物资源数据库，该数据库主要包括生物种类、数量、分布、生态学特征等。

二是加快种质资源库构建。积极推动遵义市种质资源库建设，主要包括种子库、植物离体库、动物种质资源库、DNA 库。加快种子植物、园艺栽培植物和动物为主的种质资源库的建立。

三是开展野生资源引种驯化。野生动植物资源具有多样性、生态性、可再生性等特点，建立野生动植物繁育基地，发展野生动植物繁育，促进野生资源的引种、驯化和优良基因的开发利用。

四是扩大常见野生动植物驯养繁殖的规模。充分利用辖区内丰富的野生动植物种质资源和现有的软硬件等基础条件，发展养殖技术成熟的野生动植物，扩大野生动植物驯养繁殖的规模和人工种群。在可利用资源本底调查和保护工作不断加强的基础上，发展相关技术，对某些有条件利用的种类进行合理开发。

五是加快濒危野生保护物种的人工培育进程。积极开展对重要保护物种的生态、生物学、人工繁殖、栽培技术研究，加快重要野生保护物种向人工培育物种发展。

7.5 防治外来有害物种入侵，捍卫家园原生生态健康

一是强化林业外来有害生物防控体系建设。遵义市在 16 个县级行政区采用点、线、面结合的方式，在全市主要公路、干道、边界沿线和重要生态区域建立 10 个林业外来有害生物监测网点；加强林业外来有害生物的检疫和处置力度，建立联席会议机制，对林业外来有害生物的重大疫情进行疫情通报、疫情会商及联合开展疫情处置。建设形成“功能齐备、配置合理、运转顺畅、协调高效”的防治减灾体系。

二是抓好重点林业外来有害生物防控建设工作。积极做好松材线虫病综合防控、紫茎泽兰综合防控、加拿大一枝黄花综合防控；严格实施科学评估新物种的引入机制，加强外来物种危害宣传和管理，加强外来物种的引入管理，建立外来物种风险预评估；加强外来物种入侵的科学研究，加强外来物种入侵机制研究，加强入侵物种研究国际合作，建立公众参与和教育体系。

7.6 加强环境污染治理，维护生物生存生活环境

一是深入开展水污染综合整治。加强饮用水水源保护；加强水源到水龙头全过程监管；开展流域水污染治理；消灭城市黑臭水体；减少水污染物排放量；大力调整产业结构，促进产业结构转型升级；完善城乡污水处理设施；强化农业面源污染防治；提升水环境监测预警能力。

二是持续优化大气环境质量。强化扬尘污染控制；强化移动源污染防治；强化污染物总量控制；强化污染源头治理；强化能源结构调整；强化大气污染联防联动机制；强化污染天气预报预警体系；提升环境综合管理水平。

三是系统推进土壤污染防治。开展土壤污染调查；加强饮用水土壤环境监管；完善基本农田环境调查；推进重金属污染防治；加强面源污染控制；强化危险废物（医疗废物）的全过程监管；进一步推进固体废物的综合利用；完善生活垃圾收运处置体系；完善电子废物的回收及监管体系。

7.7 加强生态文化建设，打造宜居生态社会环境

一是开展自然文化生态建设。遵义市自然资源丰富，自然风光秀美，拥有独特的风景和文化底蕴，在促进其经济发展过程中应保护其独特的自然风景和文化传承。结合“绿色发展”理念，结合遵义市独特的自然资源及文化底蕴适当开发旅游观光项目，积极展现遵义市的生物多样性，化“绿水青山”为“金山银山”。

二是打造西部山地生态文化区。依托“仁”“习”“赤”绿色生态、长征文化、国酒文化、避暑度假、温泉休闲养生、乡村观光体验、地域文化等赤水河流域特色旅游资源，按照“国际化、现代化、特色化”的要求，推进生态旅游、工业园

区旅游、红色旅游、古镇旅游融合发展，以精品景区景点、旅游度假区、大型文化旅游产品和乡村旅游示范区为建设重点，大力提升旅游接待能力，彰显“国酒茅台”和“丹霞世界自然遗产”品牌价值，构建具有强势竞争力和独特市场卖点的文化旅游产业，把赤水河流域打造成为国际知名的生态文化旅游休闲度假体验目的地和千亿级文化旅游产业经济带。

三是东部茶旅一体高端生态养生区。依托东区“湄”“凤”“余”生态环境、自然风光和历史文化，突出“中国茶海、乌江画廊”两大旅游品牌，以生态文明理念加快建设“快进慢游”旅游体系，融旅游、文化、体育为一体，建成世界知名、全国一流的全景域、四季游特色休闲度假旅游区。

四是北部山地生态与民族文化融合区。依托北区“务”“正”“道”生态和民族文化旅游资源建设生态旅游、休闲旅游、民族文化旅游，打造黔北渝南精品旅游区。突出“仡佬之源”文化旅游品牌，深入挖掘仡佬文化、尹珍文化内涵，加快开发自然风光资源，推进旅游与文化融合，打造集民族文化与自然风光为一体的黔北渝南人文旅游新区。重点推进务川仡佬文化旅游区、道真大沙河仡佬文化生态旅游度假区、正安九道水景区建设，打造遵义—正安—道真—务川民族风情生态精品旅游线。

五是加强生物多样性文化资源保护发展。生物多样性文化是传统文化生态元素的凝练与提升，是推动绿色发展的原动力，能从源头上扭转生态环境恶化的趋势，应对生态破坏、环境污染等现实问题，为创造居民良好生产生活环境、保障国家生态安全奠定生物多样性文化基础。促进生物多样性文化资源保护发展。一方面，加强生物多样性文化的建设：加强自然资源、人文资源和非物质文化遗产保护与生物多样性文化建设的协调性研究，深入研究自然保护区、风景名胜区、森林公园等自然生态用地保护与生物多样性文化建设的关系，促进自然资源保护与生物多样性文化建设协调发展；另一方面，提升生物多样性文化保护内涵：依托自然保护区、风景名胜区及森林公园等媒介，加大对森林、湿地、水域等生物多样性文化主题开发，开展生物多样性文化活动应与山水文化、自然景观相融合，提高生物多样性文化建设质量。

六是积极开展生物多样性文化建设。加快生物多样性文化基础设施建设，以自然保护区、保护小区、森林公园、湿地公园、风景名胜区和城市绿地为基础，围绕遵义市生物多样性保护需求，新建、改造、提升生态文化基础宣教设施或新建生物多样性教育基地，加大宣传力度，推广生物多样性保护的基础知识，推动生物多样性保护进程。通过多种科普形式，增加生物多样性保护内容，介绍物种多样性、遗传多样性和生态系统多样性等生物知识。

七是开展生物多样性保护宣传教育。开展生物多样性保护教育，传播生态文化、生态健康、生态环保知识、生物多样性保护等生态学知识，牢固树立市民保护生物多样性的意识，促进市民生物多样性保护理念的转变。

7.8 加强生物多样性保护监测和科研支撑体系建设

一是建立生物多样性监测体系。建立生态系统和物种资源的监测标准体系，推进生物多样性监测工作的标准化和规范化。加强物种定位研究站、鸟类环志站点、野生动植物资源监测站点建设，构建全市生物多样性监测网络体系和监测信息共享机制。加强珍稀濒危特有物种及其栖息地、极小种群物种、野生动物疫源疫病等重点领域的监测。建立一批生物多样性社区监测示范村，探索以社区居民为主体的生物多样性社区监测管理和研究。每 5 年开展一次生物多样性热点区域（生态红线范围内）高等植物、鸟类、鱼类多样性调查，动态监测其种群变化规律，并开展生物多样性保护效果评价，从而为政府适时调整生物多样性保护规划与布局，完善保护策略提供依据。

二是建立遵义生物多样性数据库。开展遵义市生物多样性重点区域调查，建立生物多样性保护的专门信息源收集网络系统，调查分析现有基础数据，开展数据库建设，借助元数据管理等先进理念，整合各种生物多样性数据，建设可共享、可更新的生物多样性数据库（包括基础地理数据、生物多样性专题数据、社会经济数据等），建立评估体系和生物多样性保护的专家决策支持系统，定期分析保护形势，建立完善的信息发布和数据共享机制。

三是推进遵义市生物多样性实验室建设。建设生物多样性实验室，解决生物多样性保护的重大科学理论和关键技术，为生物多样性保护提供强有力的技术支持，促进生物多样性资源优势向经济优势转变，推动遵义市高端生物产业规模化发展。加强与科研机构的合作，以科研机构的实验室为基础，建立生物多样性保护实验室，开展生物多样性的形成、演变、保护和生物资源可持续利用的重大理论和关键技术研究，为遵义市生物多样性保护和可持续利用提供技术支撑。

四是开展重要物种的极小种群保护恢复。通过对重要物种极小种群的保护和监测，为制定科学有效的保护管理模式提供依据，并通过开展相关的保护和恢复工作，达到恢复遵义生物多样性和保护国家珍稀濒危物种的双重目的。开展重要物种的极小种群调查，掌握其现状、分布、种群结构、栖息地基本特征及人类干扰等情况，分析极小种群形成的自然和人为原因，探索有效保护途径和技术方法。收集和储存极小种群的野生生物遗传资源，开展保护和研究。

第8章　西双版纳傣族自治州：统筹修复山水林田湖草

西双版纳傣族自治州（以下简称西双版纳州）位于云南省南部边缘，地处亚洲大陆向东南亚半岛过渡地带，自治州首府景洪市距省会昆明市直线距离420千米，是国家“一带一路”倡议和“澜沧江·湄公河”合作机制的重要节点及云南面向东南亚辐射中心的前沿。近年来，西双版纳州发挥生态优势，统筹修复山水林田湖草，迈出了生态文明建设的有力步伐。

8.1　积极开展山水林田湖草生态保护修复

8.1.1　发挥“一带一路”倡议格局重要组分的优势

抓住国家实施“一带一路”倡议等机遇，全力推进对外开放。勐腊（磨憨）获批为国家级重点开发开放试验区，筹备工作正在紧锣密鼓地推进中，中老磨憨—磨丁经济合作区建设进入国家层面加速推进轨道。磨憨口岸获批为进境植物种苗、粮食指定口岸，22条政策正深入落实；打洛口岸出入境人员突破110万人次。成功举办文化艺术节和边交会。澜沧江·湄公河合作首次外长会议和中国国际旅游交易会“旅游+互联网”高峰论坛在西双版纳州举办，“四国八方”合作机制不断深化，务实推进科技、教育、卫生、农业、商务、旅游等方面的合作，促进通关便利化，并引进省外到位资金125.24亿元，引进境外到位资金3 508万美元。

深度融入和服务国家“一带一路”建设，积极参与中国—中南半岛经济走廊建设和澜沧江·湄公河合作，让“开放”成为“十三五”发展的鲜明特色，把西双版纳州建成面向东南亚的重要枢纽。全力推动泛亚铁路中线建设、昆（明）曼

（谷）公路改造提升和开通更多的国际航线，建设与中南半岛国家互联互通的综合交通网络。全力建设勐腊（磨憨）国家级重点开发开放试验区，“先行先试”国家开放的相关政策措施，推动投资、贸易、金融等服务便利化，实现对外贸易的快速增长；推动中老磨憨—磨丁经济合作区建设，力争取得实质性进展；积极推动跨境旅游合作区建设，打造中国、老挝、缅甸、泰国“金四角”旅游圈；加快推进打洛边境旅游特色口岸建设，推动关累、勐满升格为国家级口岸工作。坚持不懈地提高边交会、文化艺术节的水平，完善“四国八方”合作机制，不断深化西双版纳州与周边国家边境地区的交流合作。坚持“走出去”与“引进来”相结合，支持州内企业到东南亚国家开发资源、开拓市场；吸引东南亚国家优势产业向西双版纳州扩散和国内面向东南亚的优势产业西双版纳州转移，促进开放型经济较快发展。

8.1.2 具有开展生态保护修复工作的良好基础

一是生态环境优美。西双版纳州位于中国西部的最南端，与老挝、缅甸接壤，毗邻泰国，是我国西南开放重要桥头堡的前沿地区。全州国境线长 966.3 千米，约占云南省边境线 1/4；有 4 个国家一类口岸，一江连六国（中国、缅甸、老挝、泰国、柬埔寨、越南）的澜沧江·湄公河和昆（明）曼（谷）国际大通道从西双版纳州出境。西双版纳州优越的地理位置、丰富的生物资源、多样的地貌形态孕育了西双版纳州丰富的自然资源：水资源丰富，水系发达，河网密布；土地资源丰富，土壤肥沃；热带地区气候，生物量高；生物多样性丰富，素有“动植物王国”之称，拥有大面积原始热带雨林和亚热带季风常绿阔叶林等原生境生态系统和大量珍稀动植物物种。良好的生态环境、浓郁的民族文化、独特的气候条件，使西双版纳州成为我国生物多样性聚集区、物种基因库、森林生态博物馆，是全球 25 个生物多样性保护热点地区之一、联合国生物多样性保护圈成员。也使西双版纳州成为北方人避寒过冬，东南亚傣民族寻根访源，国内外游客亲近自然、享受天然氧吧、追求健康的好地方。

二是生物资源丰富。西双版纳州特殊的地理位置、优越的自然条件，孕育繁衍了极其丰富的野生动植物资源。西双版纳州地处我国西南部季风热带气候区域，北有云南高原和横断山系为屏障，南受印度洋与太平洋季风气候影响，该地区热量充足，降水充沛，是我国热带性质最强、范围最大的热带区域，生态环境复杂多样，生态系统独特，生物物种丰富，遗传资源珍贵。保存了我国最大面积的热带雨林和季雨林，物种极为丰富，珍稀、濒危和特有物种多。因此，西双版纳州是我国热带生物多样性最丰富、重要类群分布最集中的地区，同时是具有国际意义的生物多样性的关键地区和全球 25 个优先重点保护的生物多样性热点地区之一，被列为世界人与生物圈保护区。西双版纳州面积仅占全国土地面积的 0.2%，而所分布的维管束植物种数已记载了 4 669 种，约占全国维管束植物种数的 1/6，占云南省维管束植物种数的 1/3；分布的脊椎动物种数已记载 727 种，约占全国脊椎动物种数（3 317 种）的 1/5，占云南省脊椎动物种数（1 836 种）的 1/3，动植物种数之多居全国首位。因此，西双版纳州在 1993 年被列为我国生物多样性优先重点保护区域。西双版纳州热带区域生物多样性的主体和核心部分又被纳入西双版纳国家级自然保护区中，并得到了有效保护管理。

三是生态系统多样。西双版纳州因其所处的独特地理位置和自然生态环境，其热带植物区系组成十分丰富，植物种类居全国首位，天然森林植被类型有热带雨林、热带季雨林、亚热带常绿阔叶林、落叶阔叶林、暖性针叶林、竹林、灌丛、草丛，被列为国家重点保护的珍稀和濒危植物占全国重点保护珍稀和濒危植物的 50%。西双版纳州森林是东南亚热带雨林的北缘类型，在区系组成中，除南亚雨林成分外，还蕴藏了望天树等云南热带林特有树种。在热带珍贵用材树种中，有天料木、云南石梓等不下数十种。已知具有经济价值的植物种类在千种以上，包括油料、香料、药用及其他工业原料植物。整体植被的植物区系组成呈出植物种类繁多、森林类型丰富，区系成分混杂、热带性质明显，包含较多的古老残遗成分，表明西双版纳州的天然森林植被类型是在热带季风条件下形成的地带性森林植被类型。热带雨林具有向亚热带季风常绿阔叶林过渡的性质，这种过渡性质在动植物种类组成、群落层次结构、群落生态现象等方面均有明显体现，在中国和世界都相当少见，具有极大的保护价值。西双版纳州的热带雨林是北回归线附近保存最为完好、面积最大的热带雨林区，也是全球仅存的 3 个完整的热带雨林区之一，而与西双版纳州处于同一纬度的墨西哥、撒哈拉、叙利亚、巴基斯坦、印度卡塔尔等地都是沙漠，因此西双版纳州被誉为北回归线上的“绿宝石”。此外，西双版纳州的人工植被类型，如橡胶林、茶叶林和热带水果等，都具有较高的经济价值。

四是生物物种多样性。西双版纳州的高等植物约占全国高等植物种数的1/6，共有 282 科 1 600 余属约 5 000 种（包括亚种和变种），其中蕨类植物 47 科 106 属 322 种；裸子植物 9 科 27 属 66 种；被子植物 226 科 1 546 属 4 281 种。西双版纳州可利用的资源植物约 1 500 种，其中药用植物 782 种，油料植物 136 种，野生水果花卉 130 余种，纤维类植物 90 多种，芳香油野生资源 60 余种，鞣料植物约 40 种，树脂、树胶类 30 余种。根据《国家重点保护野生植物名录（第一批）》，西双版纳州有 31 种国家重点保护野生植物，占全国重点保护野生植物的 10.3%。西双版纳州有野生脊椎动物 823 种，其中哺乳类 130 种，鸟类 461 种，爬行类 79 种，两栖类 53 种，鱼类 100 种；哺乳类、鸟类分别占全国的 1/4 和 1/5，爬行类、两栖类、鱼类特有性高，个体数量少，濒危物种多。西双版纳州有属于国家重点保护的野生动物 129 种，占全国重点保护野生动物的 50.19%，其中亚洲象、印度野牛、鼷鹿、白颊长臂猿等在我国仅分布于西双版纳州。此外，西双版纳州还有昆虫 1 100 余种和大量菌物物种等无脊椎动物及低等植物。

五是民族文化深厚。优越的地理环境和气候条件不仅孕育了西双版纳州丰富的自然资源，也孕育了独具特色的人文资源，傣族、哈尼族、拉祜族、布朗族、基诺族等 13 个世居民族在宗教信仰、民族服饰、建筑风格、居住习惯、饮食文化、生产习俗、节庆活动等方面创造了自己的灿烂文化，呈现出多姿多彩的民族风情。西双版纳州 13 个少数民族中人口比例最高的是傣族，傣族是我国历史上最早种植水稻的民族之一，傣族人民在长期的社会生产活动中形成了极具民族特色的朴素的生态文化观，傣族有一句谚语，“有林才有水，有水才有田，有田才有粮，有粮才有人”。没有水利灌溉，就无法种植水稻，而要保持水源，就必须保护生态环境，因此便形成了这种“林、水、田、粮、人”生态文化理念。这种朴素的生态文化观与我们新时期提倡的山水林田湖草是一个生命共同体，“人的命脉在田，田的命脉在水，水的命脉在山，山的命脉在土，土的命脉在树”不谋而合。当前，西双版纳州大力弘扬习近平总书记的生态文明思想，与当地的少数民族文化不断融合，引起少数民族的共鸣，铸就了以傣族为主体的西双版纳各民族敬畏自然、崇尚自然、爱护自然的心理特质和文化传统，使各民族能够在长期的发展进程中始终与自然和谐相处。西双版纳州山水林田湖草综合保护修复可以根植于各民族保护生态的深厚土壤，在继承和弘扬各民族优秀的生态文化传统的基础上，结合现代生态文明理念和先进生态环境保护意识的宣传和培育，进一步筑牢建设生态文明的思想基础，成为生态保护修复工程的强大动力。

六是产业特色鲜明。依托西双版纳州丰富的生物资源和旅游资源，全州经济增长的主要贡献来自能源强度及碳强度相对较低的生物产业、旅游文化产业、加工制造业、健康养生产业和现代服务产业，2016 年生物产业总产值占全州国民经济总产值的 58%。除建材行业以外，高耗能、高排放的工业企业在全州分布较少，第二产业中能源强度相对较低的食品、药物加工行业的产值占比大于传统高耗能行业。西双版纳州着力培育壮大特色生物、文化旅游、加工制造、健康养生、现代服务五大生态经济产业，发展环境友好型经济。西双版纳州委、州政府着力推进生物医药和大健康、旅游文化、信息、高原特色现代农业、新材料、先进装备制造、食品和消费八大重点产业发展，出台了一系列优惠政策和保障措施，为西双版纳州发展五大生态经济产业奠定了坚实基础。

七是政策导向明确。2017 年 9 月 21 日，环境保护部在浙江安吉召开全国生态文明建设现场推进会，公布首批国家生态文明建设示范市县名单，西双版纳州获“国家生态文明建设示范州”荣誉。近年来，西双版纳州秉持绿色发展理念，努力实现生态保护与经济建设两相宜。西双版纳州把生态优势持续转化为经济优势，在实现经济跨越发展的同时，也留住得天独厚的生态环境，为世人展现一个山川秀美、资源节约、生态产品供给多样的西双版纳。西双版纳州从严守生态保护红线、推进生态保护修复工程、减少森林资源低值消耗、抓好“两污”治理 4 个方面加强生态保护，留住绿水青山，同时积极发展生态经济，重点发展生态工业、旅游文化产业、特色生物产业、健康养生产业及现代服务业。此前，西双版纳州已被云南省政府命名为第一批省级生态文明州市，景洪市成为“全国森林旅游示范县（市）”，31 个乡镇全部被命名为省级生态乡镇，26 个乡镇被命名为国家生态乡镇。

8.1.3 积极部署山水林田湖草生态保护修复工作

西双版纳州政府高度重视生态文明建设和山水林田湖草生态保护修复工作，对当前的重点环保工作进行安排部署。强调各级相关部门要深入贯彻落实习近平总书记推动长江经济带发展重要战略思想，扎实抓好中央环境保护督察和省级环境保护督察问题整改工作，进一步压实责任，确保中央和省级环境保护督察所有反馈问题全面整改到位。要突出重点，坚决打好污染防治攻坚战，全面推进河(湖)长制，统筹山水林田湖草系统治理，加强流域水环境综合治理，加快水质自动站建设进度，重视饮用水水源地生态环境问题整治，加快工业园区水污染集中治理。西双版纳州水利局以“清水行动”为统领，强化分工负责，加强部门联动，系统推进山水林田湖草治理保护，重点推进污染源普查、水污染防治、入河排污口清理整治、“剿灭”城市黑臭水体、河道采砂整治、水源地综合整治、“七改三清”、水资源双控、水域岸线管控、水生态修复、地下水清理和河湖联合执法共 12 项专项行动。

2019 年 1 月 16 日，首届山水林田湖草生命共同体生态保护修复西双版纳高层研讨会在西双版纳州召开，大会通过了《“山水林田湖草生命共同体”西双版纳倡议》。

10 多年来，西双版纳州作为西南生态安全屏障，坚持生态立州，探索山水林田湖草生态保护修复的模式与经验，推动“澜湄合作”，实现“绿水青山”与“金山银山”的互融共赢，是国家首批生态文明建设示范州，获得“2018 美丽山水城市”称号。全国各地各级坚持山水林田湖草系统治理，把生态文明建设落到实处，发展质量和效益不断提升，彰显了“生命共同体”理念的科学性和强大生命力。

此外，西双版纳州加快实施《西双版纳傣族自治州生态文明建设规划(2017—2025 年)》，全州生态文明建设不断加强，生态环境质量保持良好，生态安全屏障建设成绩显著，主要污染物排放总量得到有效控制，污染防治取得实效，城镇环境基础设施建设和运行水平大幅提升，环境监管能力进一步提高。

8.1.4　理顺建设思路，解决环境问题

习近平总书记在党的十九大报告中指出，要着力解决突出环境问题。坚持全民共治、源头防治，持续实施大气污染防治行动，打赢蓝天保卫战。加快水污染防治，实施流域环境综合治理。强化土壤污染管控和修复，加强农业面源污染防治，开展农村人居环境整治行动。加强固体废物和垃圾处置。提高污染排放标准，强化排污者责任，健全环保信用评价、信息强制性披露、严惩重罚等制度。构建

政府为主导、企业为主体、社会组织和公众共同参与的环境治理体系。积极参与全球环境治理，落实减排承诺。

西双版纳州以往的产业发展模式较为粗放，如果仍坚持以前的发展模式，边开发边保护，会导致生态环境功能受到影响，难以实现永续发展。西双版纳州山水林田湖草生态保护修复工程将明确西双版纳州发展的目标和方向，在保护中发展，对产业调整、升级等方面有积极的指导作用。

8.1.5 深化体制改革，促进协同发展

通过西双版纳州完善的交通体系布局，增加景洪、勐海、勐腊之间相似生态环境与产业片区之间的联系，达到联合经济发展与跨区域环境综合生态治理的目的。建立区域间生态补偿机制，打造生态补偿与跨区域联合生态保护修复整治的示范区域。

8.1.6 提高幸福指数，促进和谐共荣

建设“绿色西双版纳、低碳西双版纳、优美西双版纳、幸福西双版纳、人文西双版纳与法治西双版纳”是西双版纳州生态文明建设的终极目标。随着西双版纳州居民收入和生活水平的不断提高，广大人民群众已不再满足于“有吃、有穿、有房”，而对生活质量，特别是环境质量、健康水平、保障体系和文化休闲等提出了更高的要求。随着西双版纳州对生态环境重视程度的提高，西双版纳州生态环境目前已经得到了初步改善。因此，更应当全面提高生态文明水平，持续推进山水林田湖草综合生态保护修复工程，改善环境质量，早日把西双版纳州建设成国内宜居、宜业、宜游的地区。提升西双版纳州人民群众的生态文明意识水平，形成一个有秩序、有活力、有文化、有保障的文明和谐社会，切实提高人民群众的生态文明幸福感，实现人与自然和谐相处，这是西双版纳州广大人民群众的现实需求。

8.2 山水林田湖草生态保护修复具体举措

根据西双版纳州地势走向，参考澜沧江流域特点，结合西双版纳州生物多样

性分布、水土流失分布、基本农田分布及矿山分布状况，并结合行政区划分布，提出构建 5 片区为主体的修护工程分区方案，重点推进矿山治理与修复、水环境保护与整治、林地与生物多样性保护、基本农田用地保护与修复以及城镇环境综合治理五大生态建设工程，共 32 细项重点工程，推行适合西双版纳州的生态保护修复模式。

8.2.1 矿山环境保护修复区

西双版纳州矿产资源种类比较齐全，根据云南省和西双版纳州的规划重点，选取“景洪曼养—疆峰—勐宋矿山地质环境重点治理区”“勐海县勐满镇勐满—曼纳金矿山地质环境重点治理区”“勐海县西定南燕—勐遮巴夜—勐混邦洛铁、锰、金、花岗岩矿山地质环境重点治理区”和“勐腊麻芋林铅锌矿—新山铁矿矿山地质环境重点治理区”4 个区域作为矿山环境保护修复区。

8.2.2 澜沧江流域水资源综合保护修复区

西双版纳州河流全部属于澜沧江水系。澜沧江是国际河流湄公河的主流，由普洱市的小橄榄坝进入西双版纳，在境内流程为 187.5 千米。州境内河流众多，支流密布，共有大小河流 2 761 条，多发源于无量山和怒山支脉丛中，分别为澜沧江一级、二级、三级支流。但存在较多问题，如水资源保护压力与日俱增、水资源开发与生态保护矛盾突出、非常规水源的开发利用有待提高、突发性水污染事故应急处置有待完善及管理体制难以适应新形势的要求。

鉴于澜沧江流域现存的生态环境问题，为保障流域内社会经济的持续稳定发展，保护流域生态环境，推动流域生态文明建设，要对澜沧江流域进行综合治理保护，同时开展水资源综合修复与保护工程、水资源高效利用和合理配置调控工程以及防洪抗旱减灾工程，并在综合治理的基础上，全面提升区域内的产业建设和景观建设，进一步推动流域旅游发展，并通过对该区域的治理逐步带动其他区域的治理。

8.2.3 林地与生物多样性保护修复区

胶园、茶园及珍贵林木是西双版纳州的特色产业，环境友好型生态胶园建设工程的重点修复区域为西双版纳州内橡胶更新林地、低效胶园和次残园地。生态茶园建设工程的重点修复区域为西双版纳州内单一种植格局的人工茶园。珍贵用材林基地建设工程的重点修复区域为荒山荒地种植，园区、城镇绿化地，四旁地，道路两侧，茶地，低质胶园等。

8.2.4 基本农田保护修复区

西双版纳州将景洪市勐龙镇、勐海县勐遮镇和勐混镇、勐腊县勐腊镇等区域及其周边区域划分为基本农田保护与修复区，它们将在西双版纳州高标准农田建设方面发挥重要作用。

8.2.5 城镇环境综合治理修复区

为强化城市环境综合整治，要采用污水处理设施建设工程、垃圾处理设施建设工程、大气环境治理提升工程以及市容市貌综合整治工程综合提升西双版纳州城市环境质量，重点针对景洪市、勐腊县及勐海县的城镇建成区。

8.3 山水林田湖草生态保护修复效益分析

8.3.1 生态安全保障功能显著提升

西双版纳州山水林田湖草生态保护与修复项目的实施，将有效保护西双版纳州的生态环境，在遏制水土流失、修复损毁土地、减少减轻自然灾害等方面取得显著的生态效益，有效改善西双版纳地区的生态环境，维护生态屏障功能，保障国家生态安全。

一是保障我国和东南亚地区生态安全。西双版纳州位于云南省南部边缘，地处亚洲大陆向东南亚半岛过渡地带，是我国西南开放重要的“桥头堡”，其生态安全影响我国与东南亚地区的生态安全格局。对西双版纳地区进行山水林田湖草保护与修复，不仅是维护我国生态安全，更是维护东南亚国家生态安全。

二是保护我国保存最完整的热带雨林。西双版纳州的热带雨林是在纬度较高、海拔较高的极限条件下发育的特殊的热带雨林类型——热带季节雨林，是热带雨林分布区内纬度最高、海拔最高的特殊热带雨林。加强热带雨林保护，防治水土流失，使热带雨林水源涵养能力不断增强，生态屏障功能得以稳定发挥。

三是珍稀和濒危物种得到有效保护。通过实施生物多样性保护工程，构建以自然保护区为核心，湿地公园、森林公园、植物园、树木园等为辐射的生物多样性保护网络，将极大地丰富区域森林生态系统的多样性，为野生动植物栖息和繁衍提供良好的保护体系和生存环境，使珍稀和濒危物种得到有效保护。

8.3.2　生态环境质量显著改善

一是水土流失减少，土地质量提高。通过开展实施水土流失治理工程、矿山环境修复工程可以有效改善和恢复矿区地质环境，使土地资源得到合理利用，减少河道、坝库或其他水利工程的尾砂淤积和污染，区域水土流失和环境风险得到有效控制。

二是水资源保障能力加强，自然灾害危害降低。通过开展实施澜沧江流域水环境保护与改善工程，可以减少人为活动对水源保护区的干扰，减低周边污染负荷对水源地水质的影响，提高了水资源保障能力和水灾应对能力，确保流域内居民饮水安全。

三是生态环境得到有效治理。通过山水林田湖草生态保护与修复工程的实施，区域土壤理化性质得到改善，涵养水源、保持水土的功能显著提升，生物多样性也得到有效保护，区域生态环境明显改善，生态屏障功能得以稳定发挥。

8.3.3　投资环境改善，引资力度加大

西双版纳州山水林田湖草生态保护与修复项目的实施，将促进西双版纳州产业结构、促进产业集聚、转变经济发展方式、提高经济活力等方面逐步体现其巨大的经济效益，为实现西双版纳州建设提供了有力保障。

西双版纳州山水林田湖草生态保护与修复项目的实施，必将促进西双版纳州生态环境质量改善，美化人居环境，提高资源环境质量条件。这将从整体上提高西双版纳州的品位和城市形象、改善投资环境，不断加大外来资金的引入，吸引更多投资商入驻西双版纳州，从而带动西双版纳州的经济发展。

8.3.4 就业机会增多，居民收入提高

经济发展、资金引入将带动绿色工业、生态农业和生态旅游的全面快速发展，而这又将为西双版纳州内剩余劳动力提供更多的就业机会和发展空间，扩大居民收入的途径，从而增加当地居民的收入。

8.3.5 人居环境改善，生活质量提升

西双版纳州山水林田湖草生态保护与修复项目的实施，将在提高西双版纳州的社会知名度，改善居民居住环境，提高人口素质，树立居民的生态理念等方面产生显著的社会效益。

通过实施山水林田湖草生态保护与修复工程，城市的生态环境质量将得到进一步改善。城市绿化、美化将为居民生活增添更多生气与活力，使居民的居住环境更为舒适与优美。同时随着生态经济发展、城乡统筹体系建设、人均收入提高，贫困人口比例将不断下降，社会收入分配趋于平衡、合理，人们消费结构与消费理念改变，人与自然矛盾不再凸显，关系逐渐趋于和谐。

8.3.6 人口素质提高，生态理念普及

通过树立先进的生态文化理念和弘扬优秀的民族传统文化，大力发展社会文化、社区文化、企业文化，使人们对体制、自然、生态的认知不断加强，这将全面促进居民生态文明程度，提高人口素质，为西双版纳州整体社会形象提高提供有利条件。同时通过对一系列生态文化宣传工程的建设以及对绿色文明生活方式的倡导，使得居民生态理念、绿色消费理念不断增强，这将有利于推动资源的循环利用和能源的高效节约使用，促进居民提高环保意识、消费品位，从而实现全社会的可持续发展。

第 9 章　工布江达县：建设生态文明，打造“西藏江南”

工布江达藏语意为“凹地大谷口”，县境地处藏南谷地向藏东高山峡谷区过渡地带，呈深切割的高山河谷地貌，平均海拔 3 600 米。该地属温带半湿润季风气候，东部温和湿润，森林茂密，西部寒冷干燥，为灌木草甸植被，雅鲁藏布江支流尼洋河贯穿全境。近年来，工布江达县积极建设生态文明，打造美丽的“西藏江南”。

9.1　工布江达县的重要区位

9.1.1　气候宜人、环境优美的“西藏江南”

工布江达县地势西高东低，南北山峰林立，尼洋河由西向东横贯全境。县内最高海拔 6 691 米，最低海拔 3 180 米，平均海拔 3 600 米，相对高差 1 700～2 000 米。由于特殊的地理位置和地形，工布江达县在印度洋暖湿气流作用下，形成了温带半湿润季风气候类型，气候温暖湿润，温润宜人，雨量充沛，人称“西藏江南”。全县野生动植物、森林、水利、矿产等自然资源和生态旅游资源丰富，野生动物 63 种，野生植物 287 种。其中被国家列为重点保护的珍稀野生动物有猕猴、白唇鹿、黑颈鹤、黄鸭、云雀、金钱豹、雪豹、狗熊、马鹿、水貂、水獭等；全县林木资源有冷杉、云杉、柏树、杨树、桦树、华山松、云松、落叶松、青冈等 100 多种，森林面积 14.9 万公顷，森林覆盖率为 27%，森林蓄积量 3 643.5 万立方米。

9.1.2 民族多样、和谐共生的“祥和乐土”

工布江达县隶属西藏自治区林芝市，位于西藏自治区东南部、林芝市西北部，县辖 3 个镇、6 个乡、1 个社区、79 个行政村，常住人口为 36 486 人。工布江达县藏族、门巴族和珞巴族是世居民族，据第六次人口普查数据，工布江达县藏族人口约占全县总人口的 93.51%，汉族人口占总人口的 5.46%，此外还有回族 231 人，土族 25 人，撒拉族 19 人，门巴族 16 人，珞巴族 4 人，满族和东乡族各 3 人、苗族 2 人，彝族、白族、土家族、普米族各 1 人。

9.1.3 神奇富饶、令人向往的“人间圣地”

受独特的气候条件的影响，工布江达县林下资源丰富，是松茸、青冈菌、蕨菜的主产区，松茸、青冈菌及野生菌类品种多、储量大，松茸有“绿色黄金”之美誉，远销日本和东南亚。全县年产松茸 40 吨、青冈菌 80 吨、蕨菜 240 吨，华木菌、牛肝菌、木耳、草蘑菇等天然食用菌年总产量可达 200 吨。独特的气候条件适于各种药材的生长，有虫草、丹参、贝母、龙旦花、红景天、一枝蒿、黄连、大黄、武灵芝等各种药材共 500 余种，常用药材 200 余种，虫草、贝母、灵芝草属贵重中药材。工布江达县旅游资源丰富，境内大小景点 56 处，涵盖人文历史和自然风光，主要景点包括巴松措国家森林公园、娘蒲巴嘎自然风景区、娘蒲乡间歇泉、朱拉多吉扎森岩风光带、“九点一线”的尼洋河风光带等，另外还有待开发的巴松措对面山上三色湖、洛池、新措、中措等景区。

9.1.4 承东启西、连南接北的“交通枢纽”

工布江达县东邻林芝市巴宜区和波密县，北接那曲市嘉黎县，西毗拉萨市墨竹工卡县，南连米林县、朗县、山南市加查县和桑日县。县域地跨东经 92°09′～94°25′，北纬 29°26′～30°35′，东西长 180 千米，南北宽 71 千米，总面积 11 650 平方千米。县人民政府驻工布江达镇果林卡，距拉萨市区 270 千米，距林芝市市区 130 千米，是林芝面向外界的西大门。工布江达县地处川藏公路交通要道，是拉萨通往林芝的必经之地。

9.2 积极推进生态文明建设

9.2.1 树立“绿水青山就是金山银山”理念

党的十八大提出“五位一体”总体布局，把生态文明建设提到前所未有的新高度。习近平总书记多次就生态文明建设发表重要讲话、做出重要指示，提出了一系列富有远见卓识的新理念、新思想、新战略，做出“保护好青藏高原生态就是对中华民族生存和发展的最大贡献”“加强民族团结，建设美丽西藏”等重要指示，为推进西藏自治区生态文明建设指明了方向。西藏自治区党委、区政府高度重视生态文明建设，特别是自治区第九次党代会以来，区党委、区政府深刻认识到生态环保工作是关系全局、关系长远重大政治任务，始终把生态环保放在更加突出的位置，确定了坚定不移建设美丽西藏的奋斗目标和重点任务，为做好生态文明建设和环境保护工作划出了重点、提出了要求。

工布江达县委、县政府历来高度重视生态保护工作，坚定不移贯彻落实中央、自治区和林芝市系列决策部署，认真学习和贯彻落实习近平总书记系列重要讲话精神，特别是在中共中央政治局第41次集体学习时的讲话精神，牢固树立“保护生态环境就是保护生产力，改善生态环境就是发展生产力”“绿水青山就是金山银山，冰天雪地也是金山银山”理念，按照吴英杰书记对林芝提出的“五个走在前列”重要指示精神，用足用好绿色生态这张最好名片，坚持生态保护第一，不断健全生态保护制度，坚定不移走绿色可持续发展道路，构筑青藏高原重要生态安全屏障，确保了工布江达县天更蓝、水更清、山更绿，人与自然更加和谐统一。

首先，及时出台决定，指导生态创建。为做好生态建设和环境保护工作，工布江达县立足生态优势，县委、县政府充分抓住全县加快建设生态文明的机遇，坚决贯彻落实林芝市委、市政府的决定，按照国家创建生态文明示范区的有关要求，积极部署生态文明建设。在各部门的配合下，始终坚持“绿水青山就是金山银山，冰天雪地也是金山银山”的发展理念，以保持和改善县域环境质量为核心，全面推进生态文明建设和生态保护各项工作。在县委、县政府的领导和支持下，工布江达县成立了生态创建领导小组，具体负责组织、协调和督促生态县的创建工作。积极将生态创建工作纳入政府年度综合考评和年度环境保护考核，坚持把国家级生态县创建工作与干部考核挂钩，建立健全工作目标责任制，层层分解和落实各项创建任务，完善环保基础设施，并多次深入各乡镇检查指导生态创建工作。

其次，精心编制规划，引领生态创建。2012 年，工布江达县完成了 51 个行政村“生态村”的申报工作，其中 45 个行政村获得了“自治区级生态村”的命名。2013 年，工布江达县 51 个行政村获得“自治区级生态村”命名，7 个乡镇获“自治区级生态乡镇”命名。2014 年，成功创建阿沛、林则 2 个“国家级生态村”，7 个乡镇获“自治区级生态乡镇”及“国家级生态乡镇”命名。同年年底，工布江达县获“自治区级生态县”命名，被列为“西部地区生态文明试点县”。2015—2016 年，工布江达县继获“自治区级生态县”命名之后，在县委、县政府的高度重视和大力支持下，积极筹备“国家级生态县”的创建工作，根据《国家生态建设示范区管理规程》《国家生态市、生态县（市、区）技术资料审核规范》《生态县、生态市、生态省建设指标》等国家技术规范和要求，积极开展“国家级生态县”创建工作。2016 年 12 月，工布江达县编制完成了《工布江达县生态文明建设规划（2016—2020 年）》，2017 年 1 月顺利通过专家评审，2017 年 12 月，工布江达县第十二届人大常委会第九次会议经审议后获得批准，2018 年 3 月，该规划在工布江达县人民政府门户网站上颁布实施，并报送至相关部门进行备案。

9.2.2　着力构建科学有序的国土空间布局体系

认真贯彻自治区《关于着力构筑国家重要生态安全屏障，加快推进生态文明建设的实施意见》和《关于建设美丽西藏的意见》，注重重要生态功能区保护，积极参与国家森林城市创建、国家生态保护红线划定和自然保护区建设，着力构建生态屏障。

一是注重重要生态功能区保护。工布江达县注重生态功能区保护，根据“林芝市重要生态功能区保护工程建设项目清单”，工布江达县共涉及重要生态功能区保护工程建设项目 2 个，总投资 1 500 万元，建设内容包括沿河沿江公路生态退化区生态恢复保护工程、农村环境基础设施建设、宣传教育工程、能力建设工程等。2017 年 9 月 5 日，工布江达县与施工方签订了施工合同，2017 年 9 月 21 日，项目开工建设，目前项目已全部完工。

二是加强自然保护区监管。工布江达县委、县政府高度重视保护区监管工作，组织了各乡（镇）党委、政府及相关部门对《中华人民共和国自然保护区条例》《关于祁连山国家级自然保护区生态环境问题督查处理情况及其教训的通报》《关于进一步加强涉及自然保护区开发建设活动监督管理的通知》《关于联合开展“绿盾 2017”国家级自然保护区监督检查专项行动的通知》等法律、文件的补充传达学习和研究部署，明确了县环保局会同县林业局主管部门加强对自然保护区的日常监管，督促指导各乡（镇）落实自然保护区管护属地职责。县环保局牵头开展自然保护区“绿盾”监督执法专项检查，全面排查自然保护区内违法违规开发建设项目，制定问题清单和整改工作台账，严厉查处、坚决整改自然保护区内采矿、挖砂采石、工矿企业及核心区、缓冲区内旅游开发等违规开发建设活动，杜绝涉及自然保护区违法违规开发建设活动。县林业部门配合自治区、市有序完成工布江达县自然保护区范围和功能区的调整，合理确定、科学优化全县自然保护区范围和布局。

三是积极打造国家森林城市。自工布江达县启动国家森林城市创建工作以来，县委、县政府积极谋划，成立了工布江达县创建国家森林城市工作领导小组，制定了《工布江达县创建国家森林城市工作方案》，组织召开工布江达县创建国家森林城市动员部署会议，成立了工布江达县创建国家森林城市工作办公室。在县政府的支持下，落实了《工布江达县创建国家森林城市规划方案》编制工作经费及创森业务工作经费共计 70 万元；积极开展宣传动员工作。在市级创森规划编制方案出台后，着手编制创森规划。工布江达县始终坚持造管并重，大力实施天然林保护、封山育林、重点区域绿化、经济林建设等林业工程，加强森林植被的保护和管理，注重加强对野生动植物的管理，做好物种资源保护工作，对破坏野生动植物的违法犯罪活动，执法部门给予严厉打击。同时，严格审批林木采伐，坚决清理非法生产经营的木材带锯加工点，依法严厉打击乱砍滥伐等破坏森林资源违法行为，自 2016 年起全面停止国有林场天然林商业性采伐，取缔所有商业性砍伐作业，天然林资源得到休养生息和恢复发展。

四是全面划定生态保护红线。工布江达县已完成生态保护红线划定工作，全县生态保护红线面积 6 802.1 平方千米，红线面积占县域国土面积比例为 52.5%。工布江达县严格遵守执行西藏自治区划定的生态保护红线（生态严格控制区），切实保护自然保护区、水源保护区、森林公园、基本农田保护区、风景名胜区、重要江河湖泊、水库、生态廊道及重要野生动植物资源等用地范围，无随意调整。2018 年 12 月 6 日，自治区决定在工布江达县朱拉河国家级湿地公园开展全区首个生态保护红线勘界定标试点工作。在上级部门的指导，县国土、县林业、乡镇部门的支持下，工布江达县于 2019 年 4 月 30 日完成朱拉河国家级湿地公园生态保护红线勘界定标试点工作。

9.2.3 着力构建绿色循环低碳发展的产业体系

牢固树立优势地区优先发展、率先发展理念，推进产业生态化、生态产业化。

一是创新发展生态旅游业。创新实施“红绿相间、软硬兼施、动静结合、产业互融”四大方略。2018 年，工布江达县召开了全区首个县级旅游发展大会，开发了新措系列旅游产品，实施了巴松措公路沿线绿化工程，新建了 8 座旅游厕所，打造了 2 个旅游示范村，巴松措成功创建成为国家 5A 级风景区。2018 年，全县共接待游客 107.8 万人次，较上年增长 28%；旅游收入 4.6 亿元，较上年增长 71%；群众旅游收入 2 495 万元，较上年增长 19.3%。着力提升景区品质，投资 9 836.98 万元实施中国历史文化名村错高古村落保护整体搬迁工程；投资 4 038 万元开工建设两条旅游公路；投资 4 800 万元建设新措旅游公路第一期项目；投资 2 351.74 万元建设巴松措沿湖架空游步道、林则和拉如乡村旅游示范村建设、新措帐篷营地建设及结巴村、错高乡、拉如村旅游厕所项目等内容；投资 300 余万元打造精品高端民宿“民宿 • 仓央”，树立典型，促使家庭旅馆由“粗放型”向“精品化”转变，刺激全县家庭旅馆提档升级。软件方面，编制完善了《工布江达县全域旅游发展规划》《太昭古城总体规划暨控制性详细规划》等 4 份旅游规划文件，初步确立了“一心一核两带五区”的全域旅游空间布局。

二是大力发展农牧业特色产业。创新完善“原种保护—集中扩繁—规模养殖—质量控制—精深加工”的藏猪全产业链，扩建了 1 个藏猪原种保护基地，建设了 2 个藏猪扩繁基地，扶持了 15 家藏猪养殖合作社，藏猪养殖规模达到 6.5 万头；组建藏猪产品研发团队，研发了九大类 50 余项产品配方及工艺，12 项产品实现上市。成立牦牛养殖合作社 8 家，发展牦牛养殖户 3 100 余户，新建饲舍棚圈 250 座，种植人工饲草 1.52 万亩，建设灌溉人工草地 8 000 亩，牦牛养殖规模达到 8.5 万头。强化农牧业特色产业基础和支撑作用，扎实推进农业建设，加快形成优势突出、特色鲜明的现代农牧业特色产业体系。农牧部门加强对农业环境的保护和管理，控制农药、化肥、农膜对环境的污染，推广植物病虫害的综合防治；根据当地资源和环境保护要求，合理调整农业结构，积极发展农业生产。

三是融合发展优势产业。深入实施“旅游+”“+旅游”，做足做好农牧业特色产业观光体验文章，深度挖掘厚重的历史文化、民族文化，着力培育具有地域特色参与性、娱乐性、互动性文化旅游项目，不断构建以生态旅游业为支柱，农牧业特色产业、藏医药业、文化产业等为补充的大产业格局。

9.2.4 着力构建约束和激励并举的生态文明制度体系

加快生态文明制度体系建设，贯彻落实国家、自治区各项制度要求，深化生态文明体制改革，构建约束与激励并举的生态文明制度体系。

一是认真贯彻落实生态文明建设各项制度要求。工布江达县严格贯彻落实国家、自治区、林芝市各项法律法规，严格按照上级要求开展了西藏自治区及林芝市《党政领导干部生态环境损害责任追究实施细则》的学习，认真贯彻落实大气、水、土壤污染防治行动计划，组织学习了《生态环境损害赔偿制度改革方案》，积极配合上级部门开展工布江达县生态保护红线划定工作，印发了工布江达县全面推行河长制实施方案。

二是实施最严格环境准入制度。严格落实环境影响评价和“三同时”制度，按照《建设项目环境影响登记表备案管理办法》，指导各业主单位登录西藏自治区生态环境厅官网注册填报工作。截至 2019 年，共审批县域内建设项目环境影响登记表 123 个。同时，严把环境准入关，对达不到环保要求的建设项目予以“一票否决”。

三是实施最严格环境监管执法。认真贯彻落实林芝市生态环境局《关于印发 2019 年林芝市生态环境执法工作计划的通知》精神，制定了《2019 年工布江达县生态环境执法工作计划》，全面加强环境监管执法工作，严肃查处环境违法行为，推进生态环境执法系统化、科学化、法治化、精细化和信息化。

四是实施最严格环保考核制度。近年来，工布江达县党委、县政府高度重视生态环境保护工作，强化环境保护“党政同责”和“一岗双责”。成立了以县长为组长，分管县长为副组长，各单位、各乡镇、各部门主要负责人为成员的生态环境保护工作领导小组，明确“管业务也要管环保”，县与企业、县与各乡镇、县与农牧/林业/住建等重要部门，乡与村、环保局与各环境监察员，层层签订了环境保护工作目标责任书，明确各自职责任务。根据生态环境保护的职责和任务，健全生态环境保护机构，加强基层环境监督执法队伍建设，增强执法力量，积极支持生态环境部门独立行使监督管理职权。定期对生态环境保护工作进行检查，将检查情况每月进行公布，每年根据责任书对各乡镇进行专项生态环境保护考核，对不合格的乡镇，扣发生态环境保护卫生经费，并将生态环境保护考核纳入全县经济社会总体考核，考核结果作为年底推优评先的重要依据。

9.2.5 着力构建政府企业公众共治的绿色行动体系

坚持正确处理经济发展与生态环境保护关系，不断满足各族群众对良好生态环境的新期待和新要求。

一是不断完善环保基础设施建设。工布江达县近年来注重不断完善环保基础设施建设，新建仲萨乡、朱拉乡垃圾填埋场已于 2018 年 10 月交付使用；严格按照《林芝市城镇污水处理设施建设与运营管理办法》，健全污水处理设施建设项目管理机制和监督指导机制，2018 年 12 月完成污水处理厂项目竣工验收并实现正常运营；目前正开展工布江达县雨污分流建设工程。

二是大力实施大气、水、土壤污染防治三项行动。工布江达县认真贯彻落实大气、水、土壤污染防治三项行动，签订了《大气、水、土壤污染防治目标责任书》，制定了《工布江达县大气、水、土壤污染防治行动计划》。大气污染防治方面，通过加大施工扬尘管理、大力开展餐厨油烟净化、加油站油气回收治理及双层罐改造，完成老旧车、黄标车的淘汰任务。水污染防治方面，完成了 2 个集中式饮用水水源地保护区划定，自来水厂蓄水池阳光棚及绿化工作等。一是严格按照生态环境部《饮用水水源保护区标志技术要求》，与县水利局密切配合完成了 2 个集中式水源地监控的安装、网围栏的更换及标识牌的设立，完成保护区划定工作。落实水源保护生态岗位（水保员）80 个，在建立健全饮用水水源保护区管理制度和环境应急预案的基础上，重点加强对城乡饮用水水源保护的环境执法监管，全面排查饮用水水源地污染隐患。全县地表水达《地表水环境质量标准》（GB 3838—2002）

Ⅱ类标准水质要求，地表水环境质量持续良好。土壤污染防治方面，严格按照《关于开展西藏自治区农用地土壤污染状况详查农产品点位核实工作的通知》要求，对涉及工布江达县的 4 个农产品点位工布江达镇、娘蒲乡尼木朗村、金达镇色江娘村、朱拉乡扎热村进行现场核查及取样工作，顺利完成农用地土壤污染状况详查工作；在全面开展春季覆膜工作的同时，下大力气搞好废旧地膜回收工作，使全县环境面貌焕然一新，减轻了对环境的破坏和污染，2018 年全县地膜和棚膜回收利用率达到 90%以上，污染源得到有效遏制，人居环境明显改善；化肥农药施用量零增长，工布江达县 2017 年化肥施用量 420 吨，2018 年化肥施用量 414 吨，同比下降 1.42%。

三是着力推进生态利民。把生态环境保护与脱贫攻坚有机结合，在现有生态保护岗位的基础上，工布江达县每年从国家重点生态功能转移支付资金中拿出 10%购买就业岗位，优先把有劳动能力的贫困群众就地就近就便转成护林员、自然保护区管理员、环境保洁员、环境保护监督员、农村饮用水水源地保护员等，确保广大群众特别是贫困群众在保护生态工作中得到实实在在的好处。从 2016 年起，每年由政府购买服务直接安排生态补偿岗位 3 000 余个，通过设置林业管护员、草原监督员、村级保洁员、环境监督员、水源保护员等 7 个岗位带动农牧民群众增收，确保让农牧民群众吃上“生态饭”。

9.3 进一步推进生态文明建设

工布江达县将进一步认真贯彻落实中央、自治区和林芝市生态环境保护各项决策部署，严守生态安全底线、红线、高压线，深入推进工布江达县生态文明建设，努力开创工布江达县生态文明建设新局面。

9.3.1 压实生态保护责任

一是按照《林芝市各级党委、政府及有关部门环境保护工作职责规定》等文件，建立工布江达县环保权责清单，完善环保督察工作机制；二是认真贯彻落实《林芝市党政领导干部生态环境损害责任追究实施细则（试行）》，进一步强化全县党政领导干部生态环境和资源保护职责，落实各方责任；三是强化考核结果运用，及时兑现奖惩，切实把生态环境和资源保护责任刚性约束变成各级党政领导干部内心的自觉追求。

9.3.2 做大做强生态产业

一是丰富生态旅游 4 篇文章，启动旅游发展 2.0 模式，开启旅游发展新阶段，争取全域旅游走在全区前列，依托工布江达丰富的历史遗迹和独特的工布文化，做好传承、挖掘和提升，实现旅游与文化深度融合，继续加强巴松措景区建设，推进旅游行业标准化建设；二是实现特色农牧 3 个升级，继续按照农牧产业“东中西”布局，扶持龙头企业，深化政企合作，加强产品研发，发展冷链物流，开拓内地市场，提升产业效益，促进藏猪产品高端化、牦牛养殖集约化、城郊经济市场化。

9.3.3 提升生态环境质量

一是持续实施“大气十条”，突出抓好重点区域大气治理，着力抓好减少餐饮油烟排放，机动车排放及扬尘污染；二是全面落实“水十条”，推动污水、垃圾处理设施建设与改造，加强饮用水水源地、污水处理厂、医疗暂存间、养殖、生活污水处置的监管；三是认真贯彻实施“土十条”，严格落实排污许可制度，加强危险废物规范化管理，实现危险废物的安全收集、贮存、转移。

9.3.4 加强环境监管

一是严把准入关，加强总量、空间准入管理，依法依规做好项目环评管理；二是加强环境法治保障，认真贯彻好《水污染防治法》《大气污染防治法》《土壤污染防治法》，严格执行《环境保护法》，提高环境执法效能；三是加大生态和农村环境保护力度，划定并严守生态保护红线，健全生态保护补偿机制，指导督促对生态环境领域存在的突出问题彻底整改。

9.3.5 加大环保工作能力建设

一是扩充环保专业的工作人员，加强环保工作队伍建设；二是加大环保干部的业务培训工作，增强干部业务综合能力。

实践证明，工布江达县以生态创建为抓手，大力推进生态文明建设工作成效突出，生态文明建设走在了林芝市、西藏自治区的前列。国家生态文明建设示范县创建工作成效显著，是自治区生态文明建设的典范。国家生态文明建设示范县创建只有起点，没有终点。工布江达县将更加认真地开展生态文明建设和污染防治工作，全力做好全县的生态环境保护工作，全心全意为人民群众办实事、解难事、做好事，确保全县环境安全，全力推进全县经济建设与环境保护和谐发展。工布江达县将按照国家生态文明建设示范县创建的标准要求，不断深化绿色发展理念，以更高的标准和要求，开拓创新，锐意进取，全力推动工布江达县生态文明建设再上新台阶！

第 10 章　榆林市：常抓不懈，荒漠变绿洲

多年来，陕西省榆林市历任领导班子坚持“南治土，北治沙”生态建设方略始终不改，一届接着一届往下传；380 万榆林人建设绿色家园信念始终不变，一代接着一代坚持干。几代人信念不改艰苦奋斗，数十年如一日锲而不舍。生态文明建设取得了显著成效，生态环境发生了明显改变。

10.1　历史上的榆林

历史上的榆林：北部风沙区黄沙漫天飞扬，南部丘陵区水土流失严重。史载榆林南部黄土高原曾经是“峰峦耸秀，琪树繁森，桑麻翳野，鸟鸣山幽”，北部草甸区呈“沃野千里，水草丰美，群羊塞道，牛马衔尾”的田园牧歌景象。汉唐以后，自公元 755 年安史之乱起，特别是明代后的 400 余年，明末清初直至中华人民共和国成立前的数百年时间，由于战乱频发、屯军戍边、移民迁徙，无序开垦丘陵山峦沟坡，榆林境内植被遭到严重破坏，生态环境日趋恶化。

开疆拓土导致了民族纷争，军垦民耕使环境加剧恶化，在人口激增和经济增长的同时，伴随着生产力的不断长进，也同步毁坏着美好家园。陕北历史时期曾有的葱葱绿色退化为连绵不断的光山秃岭，榆林南部黄土高原丘陵沟壑区，千沟万壑尽是穷山瘠壤；北部草滩区失去了丰美殷实的水草植被，退化为广袤无垠的赤野千里，几乎一年三季风沙弥漫。因此，在很长的一段历史时期，在世人眼里，榆林已成为偏远荒凉、飞沙走石、光山秃岭、贫穷落后的代名词。

在中华人民共和国成立前一个世纪，榆林流沙已越过明长城南侵 50 多千米，历史给榆林遗留下巨大的植被欠账。中华人民共和国成立初期，榆林全境仅残存 60 万亩天然林，林木覆盖率仅为 0.9%，流沙吞没农田牧场 120 万亩，北部沙区仅

存的 165 万亩农田也处于赤裸沙丘包围之中，将近 400 万亩牧场沙化、盐渍化退化严重，沙区 6 个城镇 400 多个村庄被风沙侵袭压埋，风沙区的农牧民不断南撤，形成了“沙进人退”的尴尬局面。榆林“三北”地区乃至榆林城风暴狂袭，黄沙蔽日，流沙肆虐，掠去了长城一线千年青翠。西北风裹挟着漫天黄沙催逼着榆林古城一带，榆林城曾被迫三次南迁。“吃糠菜，住柳庵，一件皮袄四季穿”“地坑烂草棚，四季冒黄风，糠菜填肚皮，十户九家穷”“房屋埋压人移走，看见黄沙就摇头；风刮黄沙难睁眼，庄稼苗苗出不全”“白天出门干活一嘴沙，晚上窗台黄沙一簸箕”。这些数十年在“三北”地区一首又一首流传甚广的民谣，便是陕北榆林 20 世纪 40—70 年代普遍存在的恶劣生存环境的真实写照，也是当地老百姓艰难生活的生存状态。

黄土高原和陕北地区延续着数百年广种薄收的农耕习惯。榆林南部黄土丘陵沟壑区在近代更是乱伐滥垦，由于历代人为垦殖和气候演变，水土流失非常严重，主要以风蚀、水蚀两种类型为主。20 世纪 40—70 年代有水文资料记载的剧烈侵蚀区分布在古长城沿线及黄土丘陵区以北的部分复沙区，年侵蚀模数一般在 500～2 000 吨/千米 ^{2}，最高达 6 750 吨/千米 ^{2}；榆林东部及南部的黄土丘陵沟壑区主要属水蚀类型地区，年侵蚀模数一般在 1.5 万～2 万吨/千米 ^{2}，最高达 5.97 万吨/千米 ^{2}（皇甫川）。每年因水土流失输入黄河的泥沙高达 5.6 亿吨，占黄河中上游入黄泥沙量的 1/3。陕北榆林南部黄土丘陵沟壑区成为河南省黄河河堤地上悬河的主要泥沙来源区。

10.2　现代的榆林

现代的榆林：几代人筚路蓝缕整山治水，生态文明建设成果举世瞩目。

位于陕西省和内蒙古自治区交界处的毛乌素沙漠（又称鄂尔多斯沙地）是中国四大沙地之一，总面积达 4.22 万平方千米，是一个比较“年轻”的沙漠，它是在一两千年里才逐渐发展成为现在这个规模的。大约在唐代这里就开始有积沙，在明清时期才形成了茫茫大漠。榆林境内沙区占到毛乌素沙漠总面积的 56%左右。从 20 世纪 40 年代靖边植树造林运动和中华人民共和国成立初期开始，榆林全境的生态建设和水土保持工程延续了 70 余年。所有的“治沙治土”不同典型和大规模的地域性生态建设样板，说明沙漠完全可以治理，黄土高原完全可以改造，穷乡僻壤可以变成富裕地方。20 世纪 60 年代，榆林市郊 500 米外就是寸草不生的流沙，而 21 世纪初 50 千米之内基本上看不到流沙。经过 70 年的不懈努力，榆林治沙造林取得了巨大的生态建设成效。

近 20 年来，陕西全省森林覆盖率由 28.8%提高到 31%。与 20 世纪末相比，荒漠化土地面积减少 189 万亩，沙化土地减少 30 万亩，重度荒漠化面积减少 1 952 万亩，这些成就 95%是榆林完成的。造林保存面积从中华人民共和国成立前的 63 万亩增加到 21 世纪 10 年代的 2 157 万亩。沙区造林保存面积 1 364 万亩，林木覆盖率为 43.5%。南部丘陵沟壑区造林保存面积 793 万亩，林木覆盖率为 23.3%。绿色林带建设方面，在沙漠腹地营造万亩以上成片林 165 处，建成了总长 1 500 千米、面积 175 万亩的长城、北缘、环山、灵榆 4 条大型防风固沙林带。21 世纪初的 3 个五年计划期间，全市新建常绿针叶林 180 万亩，完成“万亩连接工程” 52 处，沙区樟子松保存面积达到 130 多万亩。流沙治理方面，境内 860 万亩流沙全部得到固定、半固定，实现了区域性的荒漠化逆转，160 万亩农田实现了林网化，恢复和改良草场 2 295 万亩，沙区初步治理度达到 69.1%。林草覆盖率从中华人民共和国成立前的 0.9%达到 21 世纪 10 年代的 33%。郁闭度 0.7 以上的林草面积已达 1 500 万亩。沙区林木保存面积达到 1 344 万亩，林木覆盖率为 42.9%。丘陵区林木保存面积为 663 万亩，林木覆盖率达 19.5%。经济林建设方面，全市各类经济林面积 400 多万亩，其中红枣 170 万亩、“两杏”80 万亩、山地苹果 65 万亩、长柄扁桃 40 万亩、核桃 32 亩、海红果 5 万亩。初步构建红枣、“两杏”、核桃、山地苹果等独具特色的经济林果产业架构。土壤侵蚀量从中华人民共和国成立初期的 5.6 亿吨下降到 21 世纪 10 年代的 2.9 亿吨，下降了 52%。沙丘年移动速度从 5～7 米降至 1.68 米以下，沙区每年输入黄河的泥沙比 20 世纪 50 年代减少了 76%。每年沙尘天气由 20 世纪 60—70 年代的 20 多天减少到 4 天左右。通过引水拉沙、垫土改良、围堰造地等措施，在沙漠腹地累计新增农田 160 万亩。动植物保护方面，全市现有野生植物 470 种，新引进栽培绿化植物 90 多种，有国家一级、二级野生保护动物 37 种，省级野生保护动物 11 种，各类古树名木 2 221 株。自然保护区建设方面，建立了国家、省、市级 6 个自然保护区，自然保护地面积占国土面积的 3.4%，湿地面积达到 69 万亩，生物多样性指数显著提高。森林公园建设方面，建成东沙生态公园、榆林沙地森林公园及神木两山、府谷神龙山、靖边五台山、吴堡龙凤山、清涧笔架山、子洲金鸡山和榆阳黑龙潭树木园、卧云山树木园等18个城郊森林公园和树木园，其中国家级森林公园、国家沙漠公园各1个，省级森林公园3个。“十二五”以来启动建设“五个百万亩”基地，即百万亩樟子松基地、百万亩长柄扁桃基地、百万亩优质红枣基地、百万亩“两杏”基地、百万亩沙棘基地。以此为抓手，加快“塞上生态名市”建设步伐。“三个百树”工程是中华人民共和国成立以来榆林规模最大、范围最广、参与人员最多的全民建设山川秀美新榆林的生态工程，从2003年起的10年间，全市所有干部职工、每户居民和农民、所有在榆林工作过的各界人士每人栽树100株，全市先后建成“环保林”“思乡林”“功德林”等面积不等、各具特色、命名不同的20多类植树区，累计完成造林40多万亩。10年间，各县（区）结合当地实际，把荒山造林、荒沙造林、村镇绿化、绿色通道、农田林网、庭院美化六大造林工程列为政府工作重点，把植树造林与改善环境紧密结合起来，进一步提高了榆林生态环境质量。重大林业工程建设方面，改革开放以来重点实施榆林环城防护林带工程、城区绿化工程、飞播治沙工程、千里绿色长廊建设工程、能源企业绿化工程、千村万户绿化工程、河流水系绿化工程、林业产业化建设工程八大工程建设。完成了三年植绿五年大提升工程，在全面完成“三年植绿大行动”和“全面治理荒沙三年行动”的基础上，2016年全面启动“林业建设五年大提升”行动，将北部沙区以樟子松为主的绿色防护林带作为重要建设内容。在林业碳汇开发上，近20年来榆林林业治污减霾、碳汇释氧功能显著增强。2017年，启动了榆林市林业碳汇开发项目，在全市范围内调查统计人工造林面积，申报进入国家林业碳汇库进行碳汇交易。在创建国家森林城市方面，2017年全市启动国家森林城市创建工作，通过以植树造林为主体工程制定战略目标，榆林市人民政府于2018年3月6日颁发《关于创建国家森林城市建设绿色榆林的意见》（榆政发〔2018〕4号），启动了创建森林城市工程，着力把12个县（市、区）打造成碧野护城、绿脉绕城、翠林拥城、清波映城的森林城市。

这一组组鲜活的数据，显现了无数榆林人为改变恶劣生态环境的拼搏付出和辛勤劳动，一系列数据变化证明了人类改造恶劣生存环境的能力。这些来之不易的成效和成果，是国家、集体、个人多方力量长期积累共同投入生态建设所取得的。如今的榆林，175 万亩基干林带、160 万亩农田林网和 230 万亩零散林地将昔日肆虐的黄沙牢牢锁住，再也看不到“大风一起、黄沙滚滚”的场面。人类在脆弱恶劣的自然条件下取得的任何成果都是伟大的。在干旱少雨、生态脆弱的自然条件下，榆林人用了 70 年时间，将数百年以来被破坏地区的林木植被覆盖率提高了近 30 倍。历史遗留下来的流沙现已得到固定、半固定。在我国土地沙化依然在扩展的趋势下，榆林大地基本上消灭了沙漠化土地现象，在全球沙漠治理的意义上率先实现了荒漠化的逆转。榆林境内的毛乌素沙漠变成了连片绿洲，数千平方千米的裸沙地貌景观即将被消灭。

10.3 治沙的榆林

治沙的榆林：总结推广 4 条群众治沙经验，造就南北两种生态体系模式。

在沙漠腹地，作为恢复重建植被的生态工程，人工造林加上自然修复的力量，成千上万亩成片林灌区、基干林带、农田林网和难以计数的零散林地将昔日肆虐的黄沙牢牢锁住。让“沙漠绿洲”梦想成真，实现了几代人梦寐以求的农田园林化，更实现了由“沙进人退”到“人进沙退”、从荒山秃岭到绿满山川的历史性飞跃。榆林人在几十年的治沙过程中总结出 4 条群众治沙经验和南北两种生态体系模式。

10.3.1 群众治沙经验

营造大型基干林带，包围分割流动沙地。中华人民共和国成立以来，榆林境内建成了以沙区为主的陕蒙边境的北缘林带、沙地和黄土丘陵沟壑区接壤处的环山林带、横穿沙区中部的长城林带以及灵武榆林林带的 4 条大型基干林带。北部总长 1 500 千米、面积为 175 万亩的 4 条林带和在沙漠腹地建成的 165 块万亩以上成片林；南部在川、滩、塬、涧的 150 万亩农田上全部实现了林网化。形成了“基干林带南北防护、长城林带中间分割、护田林网纵横交错、小块片林星罗棋布”的农田防护林体系。

“搭建沙障”固流沙，“前挡后拉”治沙丘。治沙首先要固沙，沙区群众利用“搭沙障、设障蔽”的简单技术，阻挡沙子随风流动，使固沙问题基本得到了解决。“前挡后拉”在沙丘迎风面的半坡上栽植灌木，在背风沙坡的底部栽上高干树。随着时间的推移和延长，沙丘顶部的沙子被风吹动，逐渐将沙丘间的低洼处填平，形成一块平地，之后在上面植树、种草、种庄稼。群众总结“搭建沙障”“前挡后拉”的治沙方法简单易行，但是其中蕴含着深刻的科学道理。

引水拉沙平地，建造水地良田。采用自流引水、机械抽水，借水流冲力，拉平沙丘以后覆土，使起伏不平的沙丘变成平坦的土地，再改造成为基本农田。把拉沙、造田、改土、治碱、排水、灌溉等工程与农艺措施融为一体，发展高质量的水地良田 140 多万亩，沙区农业生产连年丰收，玉米、水稻、马铃薯等单产居全省乃至全国之冠，粮食总产量较中华人民共和国成立初期增长了 6 倍。

坚持飞播造林，治理沙漠腹地。沙漠腹地深处的环境恶劣，人工治理相当困难，利用飞机播种造林种草可以收到事半功倍的效果。半个多世纪连续不断的飞播造林，使榆林一望无际的沙丘荒漠一片片染成绿色。几十年的飞播造林经验证明，踏郎、花棒、白沙蒿等植物抗风蚀、耐沙埋、生长快、自繁力分蘖性强，较其他植物更适于飞播造林。

10.3.2　南北两种生态体系模式

北部风沙区的沙生植物得到大面积扩繁，实现了区域性的荒漠化逆转局面。大面积的植树种草，使绝迹多年的小型野生动物和珍禽鸟类在经治理后的沙区内频繁出现，沙生植物逐步在微生态系统内得以扩繁。已经初步形成“造林固沙—固沙培地—培地种粮—粮农促牧”林灌农牧复合经营的生态体系模式。

南部丘陵沟壑区重点治理区已基本上做到土不下山，水不出沟，年土壤侵蚀量大幅下降。重点治理区已初步实现“缓坡耕地梯田化、支毛沟道坝地化、陡坡坬地林草化”，“四位一体”农户庭院经济建设与养殖业结合蓬勃发展。初步达到“退耕还林（草）—粮食增产—牧业增值—水保增效”农、林、牧、水协调运行发展的黄土高原丘陵沟壑区“镶嵌式”生态体系模式。榆林南北地域这两大生态体系模式，系统地概括了榆林 70 多年“南治土北治沙”生态建设的成果，得到了国内国际专家的认可，对于根治沙漠化和遏制生态环境恶化起到了巨大作用，为榆林生态环境逐渐步入良性循环奠定了坚实基础，也为建设塞上生态名市探索了有效途径，更是打好了建设榆林生态宜居市的基础。联合国粮农组织专家将榆林南部丘陵区的梯田整地工程誉为“人类的埃及金字塔工程”，联合国环境规划署专家评价北部风沙草滩区大面积造林种草是“具有世界借鉴意义的绿色长城工程”。国际组织的这些高度评价都是源于榆林改造与治理生态环境的巨大成就。原国家林业部提出“东学赤峰，西学榆林”的号召，对榆林的治沙工作给予了全面肯定和充分认可。

10.4 与时俱进的榆林

与时俱进的榆林：分阶段进行沙漠治理，征服荒漠不停歇。

榆林地处毛乌素沙地南缘与黄土高原过渡地带，是全国“三北”防护林体系建设重点区域，全国两个跨区域示范区之一。榆林人在这片曾经贫瘠且广袤的土地上，进行了许多创造性的生态建设工程，发明并推广了诸如引水拉沙、网格造林、飞播种草、人工梯田、淤地坝等全国领先的生态建设保持水土技术和卓有成效的沙漠治理模式。榆林治沙造林生态建设 70 多年来，先后经历了试验摸索到生态建设全面发展的 4 个阶段。

10.4.1 试验摸索阶段

20 世纪 50 年代初，榆林地区成立了陕北防沙治沙局，在长城沿线设立了 20 个国营林场和 10 多个国营苗圃，经过反复试验摸索，确立了以生物措施为主，生物措施与机械措施相结合的治沙造林模式，总结了“设置沙障”“前高挡，后短拉”“四面围攻，拉平沙丘”等技术措施；创造了一系列行之有效的沙区治理措施，奠定了治沙造林技术的基础，培养出了一大批防沙治沙的专业技术人才和农民土专家。

10.4.2 集体大规模治理阶段

20 世纪 60—70 年代，榆林改变治沙造林的单一模式，进入集体大规模治理阶段。在“植树造林、绿化祖国”的号召下，原榆林地委、行署把防治沙害提高到人民生计所在的高度，实行以人工造林为主，辅之以封沙育林育草，把单一的栽树种草治理推向综合整治。靖边县“万亩林”建设组织干部、民兵和群众大会战，为这一时期“南治土北治沙”开创先河，采取集体造林的方式，组织了山、水、田、林、路综合治理大会战，主攻“四带一网”，加速“四旁”绿化，大力营造防风固沙林、水土保持林，因地制宜地发展以木本粮油为主的经济林。

10.4.3　改革开放转型阶段

党的十一届三中全会后，我国进入改革开放转型阶段，国家启动了“三北”防护体系建设工程，榆林被列为重点区域，治沙造林成为社会化发展趋势。1979年，原地区林业局出台在北部沙区给每户划拨3～5亩荒沙进行植树造林的政策，实行谁治理归谁所有。1985年，榆林地委、行署出台了允许个户承包国有和集体荒山荒沙的政策，出台了拍卖荒沙、荒滩使用权和在风沙草滩区大力发展民办水利的决定，全面落实“谁造谁有，允许继承转让”和“五荒地”拍卖政策，推行“企业+基地+农户”的承包造林模式，走林业生态建设与产业发展双赢之路，全市生态建设进入规模化、市场化发展阶段。

10.4.4　生态建设全面发展阶段

21世纪，榆林生态建设进入全面发展阶段，步入了榆林全方位治沙造林的历史新时期。继榆林市委、市政府出台了《关于开展栽百株树，造世纪林的实施意见》之后，三个百树、三年植绿大行动、五年绿化大提升、五个百万亩工程、十大林业工程等生态建设工程也连续出台。全市推行工程化造林，退耕还林、“三北”防护林、天然林保护等工程相继启动，治沙造林进入规范化发展新阶段。实现了经济、社会、生态三大效益共同提高。榆林历届党委、政府“一届接着一届干，一张蓝图绘到底”，把“南治土北治沙”作为头等大事，取得了显著成效。林木草地神奇般地挡住了风沙，生产生活环境显著改善，空气质量明显变好，野生动物栖息地逐步得到恢复，动植物种群与数量不断丰富，生态环境得到了根本改善。坚韧不拔、持之以恒是历届榆林领导的坚定信念；不畏艰难、敢于斗争是榆林治沙英雄灵魂的升华；不屈不挠、锲而不舍的毅力，是榆林人治沙群体精神的浓缩。榆林治沙精神彰显“人类的精神至死不屈”的气概，是人生价值和生命意义的所在，具有永恒的意义。榆林人“不畏艰难、敢于斗争、矢志不渝、开拓创新”的治沙精神为世人所折服和赞叹。榆林治沙人是中华民族当之无愧的英雄，榆林治沙精神是中华民族勤劳勇敢、自强不息精神的缩影。规划“三带三区”构筑生态版，创建“森林城市”开启时代篇章林业是生态文明建设的基础。

“十三五”期间，榆林更进一步加强生态建设战略部署，制定植树造林科学方案，以“扩绿、提质、增效、减霾、碳汇”为基本要求，以“林业建设五年大提升”为主线，以创建国家级森林城市为目标，着力创建“三带三区”，构筑生态安全屏障，加速提升榆林生态文明程度。

沿黄生态城镇经济带。在黄河西岸 15 千米范围内，涉及府谷、神木、佳县、米脂、吴堡、绥德、清涧 7 个县级行政区、57 个乡镇和办事处，建设沿黄生态城镇经济带。每年实施低产低效枣园改造，振兴红枣产业经济带；适度发展海红果、花椒、核桃、油用牡丹等经济林，完善沿黄林业产业经济带；绿化沿黄公路及沿岸山体、县城、重点镇村，打造沿黄风景带；绿化美化旅游景点、旅游通道，打造沿黄旅游带。

长城沿线绿化风景带。在长城沿线两侧 5～10 千米范围内，涉及榆阳、神木、府谷、横山、靖边、定边 6 个县级行政区、41 个乡镇、12 个国有林场，营造绿化风景带。实施通道绿化、城市绿化、退耕还林、美丽乡村建设等工程，建设景观林带和防护林带；营造长柄扁桃、沙棘等灌木经济林，引进栽植黑枸杞、树莓、优质葡萄、樱桃等经济林，建设沙产业带；实施京津风沙源二期治理工程和天然林保护等工程，建设百万亩樟子松基地和木本油料基地，提高植被盖度，发挥林业生态多种效能，打造长城沿线绿化风景带。

无定河流域防护景观带。涉及定边、靖边、横山、榆阳、米脂、子洲、绥德、清涧 8 个县级行政区。结合湿地和自然保护区建设，合理划定生态保育区、修复区、利用区等不同功能区，强化红线控制；坚持保护优先、自然恢复为主，保护好现有的湿地生态系统，着力提高水源涵养功能；实施天然林保护、退耕还湿、“三北”防护林等工程，治理水土流失；规划建设湿地自然保护区和湿地公园，争取建成国家级湿地保护区。

南部丘陵林果产业发展区。涉及榆阳、神木、府谷、横山、佳县、米脂、绥德、吴堡、清涧、子洲 10 个县级行政区。坚持生态优先、因地制宜原则，栽植山地苹果、核桃、大扁杏、山杏、红枣等经济林树种，小范围发展小杂果经济林，营造油松、侧柏、柠条等生态林。

北部盐碱滩地综合治理试验区。涉及定边、靖边、榆阳、神木 4 个县级行政区北部镇办。对盐碱地治理进行联合攻关，引进培育耐盐碱植物种；采取改良方法，提高盐碱地治理科学技术含量；防治土地盐渍化，改善土壤结构；采取生物改良措施，在盐碱区域栽植耐盐碱植物，开展胡杨等植物品种引种试验。适度发展耐盐碱经济林树种，加大投入力度，使治理、利用盐碱地进入良性循环。

白于山灌木经济建设区。涉及定边、靖边、横山3个县级行政区的南部山区。以治理水土流失、增加林木覆盖率为目标，营造侧柏、油松、河北杨、沙棘、柠条等生态林和山杏、核桃、大扁杏、文冠果等经济林；实施绿色长廊建设、城镇绿化和乡村绿化美化工程，加强旅游景点的绿化美化，人居环境正在加速改善。

10.5　未来的榆林

陕北黄土高原治理任重道远，生态文明建设方兴未艾。黄土高原治理是我国乃至世界科学界为之重视的重大课题，也是自然科学和社会科学双重性课题。在数百年的历史演变中，黄土高原由“林茂草郁”的良好生态景观变为“光山秃岭”的惨淡景象，将现代黄土高原治理带到两难境地，黄土高原的治理已远超出自然科学研究的范畴，成为世界难题。

根据陕西省委、省政府对榆林市“三大战略任务”之一的黄土高原生态文明建设示范区的要求，立足黄土高原生态文明示范区这一新时期重大战略目标，榆林承担黄土高原生态文明示范区战略任务，要从国家生态安全的大局出发，根据生态建设总体布局，将这一战略任务纳入榆林中长期发展规划。算大账、长远账、整体账和综合账，持续推进一批关系人民福祉的重大生态项目和重点生态工程，促进榆林黄土高原治理再上新台阶。新时期的榆林，自上而下深入学习贯彻落实“绿水青山就是金山银山”的哲学辩证理论，更加深刻理解践行习近平生态文明思想在榆林的实际意义；总结陕北黄土高原治理和榆林沙漠治理的模式和经验，对于在新时代背景下进行黄土高原宏观规划和科学治理，更加提高黄土高原治理水平，无论是理论研究还是生产实践都是至关重要的。

1981年，联合国粮农组织在米脂县实施了大规模的黄土高原治理示范区“2744援粮项目”；1992年，“沙地开发利用国际学术研讨会”在榆林召开时，与会的以色列、美国、日本等国的专家盛赞“从榆林治沙奇迹看到了人类荒漠化逆转的希望和前景”；1995 年，联合国防治荒漠化公约执行秘书迪亚洛来榆林考察，也评价这里的治沙成果“具有世界意义和价值”；2018 年，由国家林业和草原局等部门主办的第 24 个世界防治荒漠化与干旱日纪念大会在榆林举行，来自国内外的防沙治沙专家共享榆林为世界荒漠化治理所贡献的智慧和力量。2017 年，榆林启动的创建国家森林城市是贯彻落实习近平生态文明思想，实现陕西省委、省政府“三大目标”、落实“两个更大”要求，推动榆林高质量发展的重要抓手，更是榆林人民的新期盼和新需求。榆林计划用 4 年时间创建成功，秉承“让森林走进城市，让城市拥抱森林”的宗旨，完善了相关体制机制，抢抓时机、全民动员，迅速在全市上下掀起植树造林的新高潮，为最终建成“黄土高原生态文明示范区”奠定了良好的基础。

中国生态文明研究与促进会和榆林市人民政府于 2018 年签订的共建“黄土高原生态文明建设试验示范基地”的战略合作协议书，是贯彻习近平生态文明思想、坚持“人与自然和谐共生”“绿水青山就是金山银山”重要理念的实际行动，是落实中央关于西部大开发和“一带一路”等重大战略部署的具体行动，也是中国生态文明研究与促进会工作重点向西部倾斜的重要举措。将重点在黄土高原治理、荒漠化防治、土地科学整理、沙产业开发、生态原产地产品保护、生态文明培训与宣传等方面与榆林市相关部门开展合作。这一合作为榆林市加快生态文明建设提供了新的契机。

人类历史发展、社会文明进步和科学发明创造的无数事实证明，“生态兴则文明兴，生态衰则文明衰”。如果没有生态文明，一切文明都会成为空中楼阁。榆林生态文明建设成果是数十年几代人持之以恒、坚持不懈、艰苦奋斗的成果，筚路蓝缕来之不易，如何保护好、发展好、继承好生态建设成果，是人民的期盼、国家的需求、世界的关注。陕北黄土高原治理任重道远需要转型升级，榆林生态文明建设方兴未艾需要提质增效。黄土高原治理是一个世界难题，生态文明建设是一个永恒的课题。

风物长宜放眼量。跨越新世纪，面对新时代，好风凭借力，扬帆正当时。在习近平生态文明思想的引领下，在榆林治沙精神的鼓舞下，榆林全市干部群众需要更加奋进、共同努力，在生态名市和能源大市这片热土上，保持加强生态文明建设的战略定力，探索以生态优先、绿色发展为导向的高质量发展新路子。

第 11 章　兰州市：推进大气污染治理

兰州古称“金城”，是西部地区重要的区域中心城市。全市辖城关、七里河、西固、安宁、红古 5 个区和永登、榆中、皋兰 3 个县，以及兰州新区、兰州高新技术产业开发区和兰州经济技术开发区，市域总面积 1.31 万平方千米，总人口 410 万人。由于黄河从市区穿城而过，使兰州享有“黄河之都、金城兰州”的美誉。长期以来，大气污染是兰州的一个重大“心肺之患”，也是外界认识兰州的一张“负名片”。近年来，通过生态文明建设的推进，兰州向大气污染宣战，开创了大气污染治理“兰州模式”。

11.1　造成兰州大气污染的原因

过去冬季污染严重时，在城中看不到数十米外的建筑轮廓，从山顶上俯视甚至找不到城市的踪影，曾有国外媒体报道说，兰州在卫星上消失了。20 世纪 70—90 年代，国家还没有开展污染指数监测工作，人们直观地感受到兰州大气污染的严重性，曾经有人调侃说：“兰州的太阳和月亮一个样，白天和晚上一个样，麻雀和乌鸦一个样，鼻孔和烟囱一个样。”这里面包含着全市人民对大气污染的无奈和怨气。自 2003 年，国家正式公布重点监控城市大气污染指数以来，兰州的空气质量一直排在全国后 10 位。因为严重的大气污染，一些兰州人甚至想方设法离开兰州。到南方城市另谋发展，为的就是呼吸上新鲜空气。

造成兰州大气污染的原因主要体现在先天不足、后天失调，既有客观方面的制约，也有人为因素的影响。

客观来讲，“先天不足”的特征主要表现在 4 个方面：一是特殊的地貌。兰州地处黄土高原河谷地带，地形呈明显的半封闭巨大哑铃形，市区位于盆地内，南北两山对峙，相对高差为 660 米，南北宽 2 000～8 000 米，自东向西延伸约 35 千米，明显的河谷盆地地形容易使大气污染物累积而不利于其水平扩散。二是不利的气象因素。兰州市年均静风率为 62.7%，冬季静风率达 80%以上，日均风速小于 0.8 米/秒。冬季稳定类天气占 70%以上，大气层结稳定，易形成 1～2 层逆温且贴地逆温现象多发，导致大气环境容量显著变小，城市上空形成的“锅盖”容易使大气污染物累积而不利于大气污染物垂直湍流扩散。三是脆弱的区域生态环境。兰州处在典型的大陆性气候带上，常年干旱少雨，年均降水量 300 毫米左右，蒸发量却高达 1 800～2 200 毫米，森林覆盖率不到 13%，低于全国和全省平均水平，沙尘暴和浮尘天气容易波及和形成。据统计，2016 年以来，兰州市人为不可控的外来沙尘天气导致的超标天数连年处于高位状态，分别达到了 30 天、27 天和 47 天，分别占年超标天数的 24.6%、20.5%和 33.3%。

主观来讲，“后天失调”主要体现在 3 个方面：一是不尽合理的产业结构。兰州的工业基础都是“一五”“二五”和“三线”时期发展形成的，工业结构以能源、石油化工、有色冶金等原材料上游工业为主，重化工业占整个工业的比例接近 80%，企业工艺装备总体水平偏低，“三高一低”型企业约占一半以上。源清单统计和兰州市区大气容量测算结果表明，兰州市区工业污染源烟（粉）尘、二氧化硫、氮氧化物、挥发性有机物 4 项污染物的年排放总量分别达到 4.73 万吨、5.68 万吨、6.83 万吨和 0.7 吨，除二氧化硫排放总量尚有较大环境容量外，工业烟（粉）尘排放量超过环境容量 0.43 倍、氮氧化物超过环境容量 0.27 倍，工业源排放总量和强度已经严重超出环境容量和环境自净能力。二是能源结构较为单一。“十三五”以来，兰州市年均能耗 2 400 万吨标煤，其中煤炭消费总量达到 1 500 万吨，占总能耗的 62%，城市电厂年耗煤量 550 万吨、居民散煤年消费量 15 万吨左右、天然气消费总量 18 亿立方米，其中城市电厂年排放烟（粉）尘、二氧化硫、氮氧化物 3 项污染物 2 735 吨，居民散煤年排放烟（粉）尘、二氧化硫、氮氧化物 3 项污染物 3 750 吨，是影响兰州市冬季环境空气质量的主要因素。三是高速增长的机动车尾气污染日渐凸显。全市机动车保有量从 2012 年的 49 万辆增长到 2018 年的近 110 万辆，激增的机动车带来尾气排放爆发性增长，夏季机动车尾气污染混合挥发性有机物在强紫外线作用下生成臭氧，近 3 年来兰州市臭氧污染造成的超标天数逐年明显增加，从 2015 年的 5 天增加到 2018 年的 44 天，在冬季以机动车等化石能源排放的氮氧化物为首要污染物的超标天数也逐年增加，成为制约兰州市空气质量达标的重要因素。

11.2　破除惯性认识和思维

兰州市委、市政府新一届领导班子深入贯彻落实习近平总书记系列重要讲话和习近平总书记视察甘肃时提出的“八个着力”重要指示精神，按照党中央统筹推进“五位一体”总体布局和协调推进“四个全面”战略布局，践行“绿水青山就是金山银山”发展理念，在各部委的关心和帮助下，按照本届省委、省政府的要求，将兰州市大气污染治理作为推动全市生态文明建设的重要机遇和有力抓手，着力破除惯性认识和思维，变压力为动力，变被动为主动，不忘初心，奋力冲刺，举全市人民之力向大气污染宣战，突破性地摘掉了长期罩在城市头上的“黑帽子”，开创了大气污染治理“兰州模式”，以实际行动全面落实党中央、国务院关于生态环境保护的决策部署。

习近平总书记强调“绿水青山就是金山银山”，中央把生态文明建设纳入“五位一体”总体布局，出台“大气十条”等一系列重大举措，为兰州市大气污染治理带来了极大信心。为此，兰州市顺势而为、乘势而上，在思想上打消了“四个顾虑”：一是针对主城区地处河谷地带、干旱少雨、静风率高的“先天不足”，坚决打消“制约因素多、污染难治甚至不可治”的顾虑，着力破除惯性认识和思维，变压力为动力，变被动为主动，狠下决心，攻坚克难，努力把“不可能”变为“可能”。二是针对发展与环保的两难选择，牢牢把握“五位一体”总体布局，坚决打消“治理污染影响经济发展”的顾虑，统筹“发展账”与“环保账”，既要“金山银山”，更要“绿水青山”。实践证明，治污不但没有影响发展，反而因为大气环境的改善，吸引了更多投资者，促进了经济较快发展。三是针对中央和省属大企业占主导地位的产业结构，坚决打消“大企业不好管”的顾虑，充分发挥属地化管理的职责，把治污重点聚焦到高污染企业上，探索了驻厂监察等举措，形成污染共治、责任共担的政企同心治污局面。四是针对治理措施涉及民生的实际，坚决打消“治理污染可能带来各种短期矛盾和压力”的顾虑，注重做好政策风险评估、舆论引导、财政补贴等工作，使大气污染治理既取得了实效，也充分保障了广大群众的切身利益。

11.3 构建“四个推力”治理大气污染

兰州市大气污染治理之所以在较短时期内取得了突破性成效，主要得益于各级政府高度重视和全社会的广泛支持，构建了省市联动、全市行动、全民参与的工作格局。

在省级层面，省委、省政府主要领导高度重视兰州的大气污染治理工作，省委书记林铎多次进行调研指导，对深化大气污染治理工作提出要求。并成立了省级协调推进领导小组，出台了《关于进一步加强兰州大气污染防治的决定》，省生态环境厅全程指导和全面帮助，省直其他相关部门也从各自职能角度，对兰州的工作给予支持和帮助，使兰州市大气污染治理成为全省的一件大事。

在市级层面，成立了大气污染综合治理指挥部，下设燃煤、工业、扬尘、机动车尾气、生态增容 5 个专项治理工作组，由市委、市政府主要领导亲自挂帅，实行“指挥部+专项工作组”的工作模式，统一开展工作，提高了工作的统筹性和协调性。在具体工作中，建立了指挥部“一周一调度、一周一考核、一周一通报”的工作制度，倒排时间、挂图作业，使大气污染治理成为全市工作的重中之重。

在区县层面，按照分级负责、条块结合、无缝对接的原则和扁平化管理要求，由市、区（县）、街道三级领导包抓，全面负责包抓区域内的大气污染防治日常监管工作，把污染治理全面掌控在网格之中，做到了不留空白、不留死角。

在社会层面，按照属地化管理的原则，无论是中央和省属驻兰行政事业单位，还是企业和部队，一律纳入治理工作“一盘棋”，无条件服从指挥，全方位配合、支持，形成了区域统筹、群防群治的工作格局。

11.4 对症下药治理大气污染

对症下药是工作的关键，兰州治理大气污染在举措上聚焦发力“六个重点”。针对兰州大气污染的成因和特征，确定了“以人为本、科学治污、综合施策、标本兼治”的工作思路，做到了对症下药、协同治理，改善了城市产业结构、能源结构、出行结构，净化了市容环境。

11.4.1 立法

坚持法治思维和法治方式，探索建立治污长效机制，为科学治污保驾护航。先后制修订了《兰州市实施大气污染防治法办法》《兰州市煤炭经营使用监管管理条例》《兰州市机动车排气污染防治条例》《兰州市扬尘污染防治管理办法》《兰州市大气污染网格化监管办法》《兰州市大气污染防治示范区管理规定》《兰州市环境保护监督管理责任规定》《兰州市秸秆禁烧管理办法》《兰州市大气污染防治监督管理责任规定》《兰州市煤炭经营使用监管管理条例实施细则》《兰州市大气污染防治奖惩实施细则》《兰州市扬尘污染管控实施办法》12 部地方性环保法律法规，目前正在修订《兰州市大气污染防治条例》《兰州市餐饮业大气污染防治办法》，餐饮业、固定源挥发性有机物、锅炉 3 个地方性大气污染物排放标准也正在制定，目前已基本形成了常态化治污的法律法规制度体系。

11.4.2 控尘

针对当前存在的自然降尘量大、施工工地多、管控难度强的实际问题，兰州市坚持分类施策，在前期制定和实施《兰州市扬尘污染防治管理办法》的基础上，又出台了更加细化的《兰州市扬尘污染管控实施办法》，明确部门监管和属地监管相结合的原则，并详细规定了施工工地、道路交通、裸露土地和堆场 4 类扬尘源的防控措施和标准，全市扬尘污染管控工作做到有法可依、有据可查。

兰州市重点对施工工地和道路交通扬尘污染实行了差别化管控措施。第一，继续全面实行施工工地“六个百分之百”抑尘措施，在未启动《兰州市污染天气应急预案》和《沙尘应急预案》时段，凡已完成土方作业、仅剩浇筑及室内外装修的施工工地，在全面落实相关防尘、抑尘、降尘措施的基础上可全天候施工；土方作业工地在全面落实防尘、抑尘、降尘措施的基础上可分时段施工，土方作业工地施工过程中严格实行“一票停工制”，即在检查中凡发现土方作业工地有一项未能落实相关规定和要求的，立即采取高限处罚并责令其停工整改。同时要求冬防期间停工工地须对场地内裸地裸土进行无缝覆盖或喷洒抑尘剂；区县适时对现有裸露土壤覆盖物进行清查，凡老旧和破损的覆盖物一律监督施工方进行更换；

严格拆迁工地管理制度，对未落实湿法或封闭拆迁的工地一律予以重罚并责令其停工整改，冬防静风期间（11 月中旬至次年 2 月底）停止审批和实施市区拆迁项目作业（应急项目除外）。第二，管控道路扬尘，环卫部门不断改良清扫工具，全面实行湿法抑尘作业，对市区主次干道及人行道洗扫积尘。严格落实环卫作业“五位一体”模式，调整增加了夜间洗扫、吸尘力度，同时根据天气状况适时调度喷雾洒水作业，实现喷雾、洒水、洗扫、吸尘有效结合。同时主要采取机械清扫与人工保洁相结合的方式，市区 224 台洗扫车对主次干道开展作业，保洁人员对洗扫车无法开展作业的区域进行人工清扫，确保无卫生死角。规范保洁制度，延长保洁时间，主干道及重点区域每日保洁不少于 16 小时，次干道保洁不少于 14 小时。在道路清洗方面，市区 30 辆清洗车、12 辆高压冲洗车、10 辆路面养护车加大主干道的清洗力度，采取先细扫后清洗的方式，反复清理、清洗，最大限度地清除路面油脂、油污、积尘等顽固污渍，做到主干道每天清洗 1 次，两侧人行道每周清洗 1 次；在道路吸尘方面，4 个城区动用 106 辆吸尘车，在夜间对主次干道进行全方位地毯式吸尘，每日吸尘近 270 吨。第三，严管裸地扬尘，对城区及周边大面积裸露施工面无缝覆盖或喷洒结壳剂等防尘措施进行压尘，冬季全部做到“人离场、车下山”，防止风蚀起尘和人为扰动起尘。第四，严控堆场扬尘，环保、城管、建设部门要按照管行业必须管污染的原则，指导区县对工业煤场、渣场以及供热单位的煤场、渣场和社会性质的灰堆、土堆等开展检查，全面落实防尘抑尘措施，防止风蚀起尘。第五，开展市区绿篱降尘，在温度适宜时对城区道路绿化带、树木及两山绿化区域适时开展喷灌降尘作业，确保绿篱植被积尘积泥得到及时有效清除。

11.4.3　严管

严管就是突出空间和时间，通过实施科学化、精准化管理措施，全方位、全领域开展污染防控。

“空间”管控就是全面推行城市网格化管理，将市区划分为 1 482 个网格（楼院、小区），涵盖所有企业、施工场所、主次干道、背街小巷、公共场所和居民小区，在每个网格实行网格长、网格员、巡查员、监督员“一长三员”制度，建立大气污染防治网格化监管台账，做到“定点、定人、定岗、定责”，实现城市管理网格全覆盖、巡查全天候、调度数字化和应用多元化。

“时间”管控就是突出重点时段，采取科学精准的管控措施，最大限度地减轻不利气象条件对空气质量的影响。针对冬季静稳天气与供暖叠加造成污染突出的特点，从每年 11 月开始，开展为期 5 个月的冬季大气污染防治行动。空气质量冬防期间没有出现大的波动和起伏，未因极端不利气象条件持续影响而出现人为因素导致的重度以上污染天气，各项应急预警响应措施均取得了较为明显的综合环境效益。

11.4.4　减排

主要是加快产业布局调整优化，对老城区工业污染源采取“改、停、关、搬”的措施，重点发展现代服务业和高精尖产业，以腾出环境容量，改善环境质量。

“改”就是通过工程化措施，强化工业污染排放治理，政府先后投入财政资金 2.57 亿元，引导全市火电、化工、钢铁、水泥、砖瓦等高排放行业进行深度治理，重点实施了火电、化工行业的除尘脱硫脱硝改造等项目。目前全市火电机组颗粒物排放浓度均达到国家火电行业特别排放限值要求，其中位于主城区的 3 家电厂的 5 台机组已完成超低排放改造，1 家电厂异地“上大压小”搬迁工作也于 2018 年实现双投，城区三大电厂污染物排放量同比下降了 60%以上；位于主城区的中石油兰州石化分公司也已完成了 13 项重大治理项目，进一步削减了工业污染排放总量。

“停”就是在污染最严重的冬季采暖期，对高排放工业企业实行停产减排。每年“冬防”期间，兰州市对 200 家左右的砖瓦、铸造等高排放企业实行停产减排措施，其中上一个冬防期对 194 家企业自 10 月 1 日起实行了停产，同时在媒体上对停产企业名单和举报电话进行公示，接受广大人民群众和社会媒体的监督。

“关”就是对环境污染严重的落后产能企业进行关闭淘汰。兰州市全面开展了“小散乱污”企业专项整治，结合兰州市城乡环境综合整治和背街小巷综合整治工作，明确检查范围和重点，突出城乡接合部等重点区域检查部位，共发现 219 家企业存在 134 个环境问题，针对存在的环境问题责令整改 121 家、处罚 31 家、关停取缔 12 家、移交移送 3 家，累计处罚金额达 143.950 5 万元。

“搬”就是推动工业企业向产业园区集中，市区重点发展现代服务业，“腾笼换鸟”腾出环境容量。尤其是2012年国务院批复设立国家级兰州新区后，兰州市紧紧抓住这一历史机遇，出台鼓励政策，启动了107家企业的搬迁改造，目前已有93家企业实施了出城入园工作，占计划的87%，其中61家企业项目已建成，25家企业项目正在建设，5家企业已选址待开工，2家企业正在选址。通过实施出城入园，有效促进了近郊四区产业结构调整和产业布局优化，共计腾退工业用地6 083亩，累计完成投资313亿元。

11.4.5 压煤

目前市区每年居民散煤的使用总量30万吨左右，冬季采暖期每天的使用量在1 500～1 800吨，在使用优质燃煤的前提下，每天的大气污染物排放总量为50吨左右，相当于兰州市3家火电企业排放量的3倍。对此，兰州市重点从“治、管、控”入手，减煤量、控煤质，大力调整城市能源结构，推进冬季清洁供暖工作。

“治”就是对城区燃煤供热锅炉进行“换血式”的煤改气治理，2012—2013年，兰州市政府发挥财政资金杠杆作用，引导社会资金多元投入26.826亿元（国家和省补助4.626亿元，市区财政配套3.3亿元，社会自筹18.9亿元），利用两年时间对主城区1 286台8 270蒸吨燃煤锅炉实施了热电联产并网和煤改气，原煤散烧供热锅炉退出主城区供热历史，使煤炭在城市能源结构中的比例从80%下降到60%。近年财政又先后投入近3亿元开展全域燃煤供热锅炉治理改造，截至2017年，已基本完成全市范围内燃煤供热锅炉的清洁能源改造、提标治理和强制取缔工作。同时，制定出台了《兰州市燃煤小火炉改造工作方案（2017—2019年度）》，按照宜气则气、宜电则电、居民可承受的原则，用3年左右的时间对城市建成区内的居民小火炉，通过城中村改造、煤改气（电）、禁燃区强制取缔3种方式进行改造取缔，采取政府补贴一部分、区县配套一部分、企业让利一部分、居民自筹一部分的思路，对城区周边18.6万台小火炉启动实施“3年清零”行动，2017年财政投入9 000万元取缔改造了居民小火炉3万台，2018年取缔燃煤小火炉6万台。2012年以来，兰州市累计减少生活用煤近300万吨，削减全市煤炭消耗总量份额超过了20%，冬季燃煤污染显著减轻。

“管”就是在冬季采暖期采取“一竿子插到底”的执法模式，对城区3家火电厂等重点用煤企业，按照企业治理成效的不同分别确定不同的排放管控指标，实行最严格的排放管控措施，先后实行了 24 小时驻厂监察及限负荷、限煤量、限煤质、限浓度、限总量的“五限”措施，每年可减少工业动力用煤 135 万吨左右。

“控”就是改进规范城区煤炭供销体系，兰州市建成了 3 个一级煤炭配送市场、288 个二级煤炭销售网点，3 个一级煤炭配送市场年储煤能力达到 22 万吨，主要经营民用无烟块煤、洁净型煤、蜂窝煤以及引火煤等民用煤炭产品，并对城区及周边县（区）的 64 个乡镇、街道实行居民散煤煤质重点管控，居民散煤一律实行配送制；工信部门对煤炭专营市场采取 24 小时驻场监管，督促市场落实入市煤炭逐批检验制度，从源头管控煤炭质量，对于检验不合格的煤炭由驻场人员监督封存，严防不合格煤炭产品进入销售、使用环节；对于低收入家庭，市级财政每年投入 2 000 万元左右给予优质燃煤补贴，近 3 年已累计投入资金 5 850 万元；城区主要通道设置 18 个煤炭检查卡口，工信部门及交警部门卡口值守并分类管控，其中为煤炭专营市场运输煤炭的车辆凭交管部门办理的通行证进入市区配送煤炭，无通行证车辆一律不得进入城区，由各煤炭检查卡口劝返。上一个冬防以来，兰州市煤炭卡口共计检查车辆 12 965 辆，其中运煤车辆 1 714 辆，凭通行证放行运煤车辆 1 212 辆，劝返运煤车辆 437 辆；及时调整禁燃区范围，调减禁燃区内的煤炭二级配送网点，强制取缔位于禁燃区内经营户的高污染燃料和设施，二级配送网点煤质由工信、质监部门联合抽检，对进入销售和使用环节的劣质煤炭一律没收并取消二级网点配送资质。通过过渡时期的强力管控，最大限度地压减居民散煤污染。

11.4.6　管车

兰州市颗粒物全年常规源解析结果表明，机动车尾气对 PM_{10} 和 $PM_{2.5}$ 的贡献率分别达到 12.7%和 16.1%，冬季机动车尾气的贡献率则分别达到 11.8%和 17.3%，成为仅次于城市扬尘的第二大污染源。对此，兰州市重点在“车、油、路”3 个方面下功夫。

“车”的方面主要是强力淘汰黄标车和老旧车辆，兰州市制定了黄标车和老旧车辆提前淘汰报废财政补助政策，鼓励非营运、个体老旧机动车提前淘汰报废，累积淘汰黄标车和老旧车辆 15 万辆，其中 2015 年以来淘汰黄标车、老旧车 81 599 辆（其中淘汰黄标车 7 097 辆），并对 1 450 辆符合提前淘汰标准的黄标车核发财政补贴 1 548.92 万元。同时，实施了省、市单位错时上下班，禁止黄标车及三轴以上、8 吨以上的重型柴油车进入城区。

“油”的方面，实施清洁能源改造，推广使用新能源汽车 13 459 辆，市区公交车和出租车全部实施“油改气”，双燃料汽车占全市机动车保有量的 14.4%，提升燃油品质，2018 年已全面推行国Ⅴ油品。

“路”的方面，实施了轨道交通、绕城高速及打通断头路、上跨下穿等“畅交通”工程，建设了沿黄河的人行步道，开通了黄河水上公交，建成了公共自行车租赁系统。

11.5 用科技手段对污染源实施监控

近年来，兰州市大气污染防治工作取得了阶段性成效，但兰州市的工作基础还比较薄弱、科技含量还不高、防治措施比较粗放。兰州市将更加注重“精准滴灌、技防优先”，将科技手段的综合应用作为冬防最大的助力，通过全时段、全方位监控各类污染源排放情况，科学分析、研判污染物迁移变化规律，为靶向定位、精准治污、科学管控和区域考核提供支撑和依据。

一是加强重点污染源在线监控。利用工业源污染物排放在线监控系统、工况监控系统和视频监控系统，全时段监督重点企业排放情况，发现企业违法违规排污行为第一时间得到制止和查处。

二是拓展网格监测效用。利用遍布近郊四区所有社区和远郊县（区）乡镇的网格化监测设备，全面开展溯源分析，精准发现处置污染源，并作为指挥调度和考核奖惩的依据。

三是开展扬尘智能监控执法。对规模以上施工工地安装在线视频监控及 PM_{10} 监测设施，全方位、定量化监控工地扬尘。

四是开展无人机全域巡航。对城区及周边各类工业企业、土方工地和削山造地、“散乱污”企业、低空面源污染、秸秆焚烧等农业源污染开展全域无死角航拍取证。

五是开展机动车尾气红外遥感检测。利用固定式红外遥感设备和流动检测车，对上路行驶车辆尾气排放情况进行检测，全面筛查和查处超标排放车辆。

六是开展走航雷达监测。利用走航雷达在气溶胶监测、风廓线雷达在逆温层监测的优势，对兰州市各类污染源进行走航扫描，精确定位污染源，为精准治污提供有效技术支撑。

七是探索开展秸秆禁烧远程监控。利用高分辨率镜头及热敏摄像技术，对易产生焚烧秸秆、荒草的区域安装远程监控探头，组建监控一体化平台，市级监管部门、区县、乡镇均能通过电脑端和手机端第一时间发现焚烧点，及时通知网格第一时间赶赴现场进行处置，提高了监管的效率。

11.6 落实完善大气污染防治的工作机制

坚持“硬任务必须用硬措施落实”，在工作中强化法治导向，努力发挥环境监管的最大效应。在工作机制上健全完善“五个机制”。

11.6.1 从严执法

成立西北首家、全国第二家公安生态环境保护分局，采用无人机监控等措施，严厉打击环境违法行为。“十二五”以来共下发行政处罚 295 件，处罚金额 2 122 余万元，特别是新修订的《环境保护法》实施后，兰州市对 176 家违法企业进行了行政处罚，处罚金额 1 388 万元，以环境污染罪判刑 4 人、行政拘留 9 人、限停产 9 家、查封扣押 8 家、移交取缔 4 家。

11.6.2 预警应急

生态环境部门与气象部门协调配合，建立了预警信息共享平台和监测预警机制，每天会商研判，第一时间发布预警信息，提前开展污染应对准备。尤其是探索实施沙尘天气预警响应措施，提早做好洒水、覆盖等应对准备，降低沙尘强度，缩短沙尘持续时间。

11.6.3 环境交易

在生态环境部的指导下，探索建立了排污权交易制度，开展了插卡排污、燃煤电厂超低排放试点工作，在全国首家开展了国家环境审计试点工作，建立了排污权交易制度。成立兰州环境能源交易中心，主要开展排污权交易、节能量交易、碳交易、合同能源管理、环境投融资、低碳城市建设等服务，成为利用市场机制和经济手段解决环境问题的公共平台，目前已经实现了新、改、扩建固定源排污权的一级市场交易，正在开展初始排污权确权、移动源排污权交易试点和二级市场组建。

11.6.4 社会监督

全面公开企业排污状况、环境空气质量状况等环境信息，每周公示重点企业排污情况和各区降尘排名，每天在地方媒体发布城区空气质量状况，接受社会公众监督，倒逼企业履行环保责任。加大违法违规现象曝光力度，在媒体定期公开曝光严重违规企业，“十二五”期间兰州市对包括中石油兰州石化公司等央企、省企在内的 160 家环境违法企业进行了媒体公开曝光和处罚，特别是 2015 年 1 月 8 日对中石油兰州石化公司多起环境违法行为公开曝光，受到社会的广泛关注。

11.6.5 严肃问责

兰州市委把“治转提”专项行动作为中央环保督察反馈意见整改、大气污染治理、文明城市创建等各项重点工作的“助推器”，探索创新提质增效的理念和方式方法，通过转变作风、跟踪督查、提升效能，形成执行落实的“组合拳”，对部门和县（区）工作起到倒逼作用，让一些长期存在的难题得以解决，成为工作取得成效的关键因素。“治转提”行动开展以来，兰州市各级各部门共查摆出单位问题 1 697 个，已整改 1 232 个，整改率达 72.6%；全市共问责处理干部 3 051 名，其中党纪处分 37 名，政纪处分 69 名，组织调整和组织处理 47 名，诫勉谈话 2 031 名，通报批评 867 名；涉及县级干部 230 名、科级干部 1 224 名、一般干部 1 597 名。2017 年上半年就扬尘管控不力的 5 名县级干部、17 名乡科级干部分别给予行政警告、诫勉谈话、告诫约谈。

11.7 “兰州模式”的启示

兰州市大气污染治理的实践证明，治理污染“治”的是落后的生产方式，不仅没有影响经济发展，反而成为促进开放和发展的催化剂，对城市整体工作起到了极大的推动作用。一是环境大幅改善。2018 年，兰州市城区环境空气质量优良天数为 222 天，优良率达到 69.8%（剔除沙尘后）。国家考核的 PM_{10} 年均浓度 107 微克/米 ^{3}，较 2013 年下降 37.3%；$PM_{2.5}$ 年均浓度 49 微克/米 ^{3}，较 2013 年下降 34.3%。这对于一个 PM_{10} 浓度本底值 80 微克/米 ^{3}、$PM_{2.5}$ 浓度本底值 32 微克/米 ^{3}（均剔除沙尘天气影响）的西北内陆城市来说，治理和管理成效明显。二是群众直接受益。据甘肃省和兰州市卫生疾控部门统计，2013 年和 2014 年冬季采暖期，兰州市城乡居民呼吸系统疾病就诊病例和就医费用同比下降 27.33%和 47.4%；2014 年和 2015 年冬季供暖期，同比下降 18.18%和 38.39%；2015 年和 2016 年冬季供暖期，同比下降 7.52%和 17.89%。三是开放发展提速。好空气带来了人气、商气、资金和经济发展，据统计，2017 年兰州中川机场旅客吞吐量突破 1 000 万人次，达到 1 089.7 万人次，增长 36.06%，增幅居全国省会城市前列，2018 年中川机场旅客吞吐量达到 1 200 万人次，创历史最高值；全市接待游客人数达到 5 341.97 万人次，增长 29.62%，实现旅游总收入 448.12 亿元，增长 33.94%。四是作风不断转变。通过积极投身治理大气污染整体战攻坚战，锻炼了干部，强化了担当，转变了作风，提升了效能，形成了干事创业、敬业奉献的良好氛围，同时这种好的作风也传递到其他工作中。五是民心得到凝聚。广大市民既是治污工作的参与者，也是治污成果的受益者，好的空气质量使大家逐步增强了对城市的认同感和归属感，许多人由过去一到冬季出去“躲污染”，到现在邀请朋友“游兰州”，共享清新空气和美丽蓝天。

兰州市治污工作得到了中央领导的充分肯定，习近平总书记在甘肃调研时说，到了兰州就像到了天然氧吧；李克强总理批示要求京津冀和各地借鉴兰州相关经验做法，推动区域空气质量不断改善。2014 年 8 月，环境保护部在兰州市召开包括京津冀在内的 14 个城市的大气污染防治座谈会，介绍、推广了兰州市的做法并概括为“兰州经验”，特别强调兰州的做法对全国普遍存在的问题提供了解决方案，为全国重污染城市治污树立了信心，对全国治污具有重要启示意义。2015 年 10 月，中央党校调研组来兰州调研大气污染治理工作，总结了兰州市工作为生态文明建设和国家治理现代化提供的有益借鉴，成为中央党校重点教学案例。2015 年 12 月，《人民日报》内参以《大气污染治理的“兰州经验”》为题报道了兰州市的做法，认为“兰州经验”为生态文明建设提供了借鉴，“兰州经验”中值得关注的若干核心因素，主要在于在环境治理领域构建了有效的权力运行机制，将法治思维和法治方式贯穿于环境管理之中，以坚强的执行力确保工作实效，通过网格化管理实现广泛的社会参与。2015 年 12 月，兰州作为全国唯一的非低碳试点城市应邀参加巴黎世界气候大会，并荣获“今日变革进步奖”，这一奖项肯定了兰州市大气污染治理的工作探索，对国内外同类城市治理大气污染具有重要借鉴意义，特别是推动多领域协同治理、以产业结构和能源结构调整促进控排减排、探索城市低碳化可持续发展机制、率先开展碳峰值研究 4 个创新点值得充分肯定。2016 年 2 月，在中央电视台“中国经济生活大调查”活动中，兰州被评为全国“十大幸福城市”之一。2016 年 4 月，环境保护部派出专题调研组，对兰州市大气污染治理工作进行了深入调研并形成调研报告。《中国环境报》连续对报告内容进行了报道。

兰州市大气污染治理取得的成绩来之不易，但兰州市治污工作的基础差、底子薄、包袱重，一些举措还处在探索和完善之中，工作的效果是初步的、阶段性的，环境质量与自己相比虽有改善，但对标全国大气污染防治先进城市差距十分明显，所以紧绷的弦一点也不能放松。兰州市大气污染治理工作仍面临较大压力，尤其是在以下 4 个方面：一是重化工业为主的产业结构尚未得到根本调整，仍是制约大气污染治理的主要因素；二是生态环境脆弱的现状还没有得到根本改善，沙尘暴和浮尘天气容易形成和波及，季节性外来自然气象因子的变化成为影响空气质量的不确定因素；三是以立法为龙头的治污长效机制正在建立和完善之中，在常态化、长效化、科学化治污方面还需要继续努力；四是治理工作带来污染结构的新变化，污染类型由单纯煤烟型污染向扬尘、机动车尾气和煤烟混合型污染转化，成为制约空气质量改善的新问题。

2018 年 6 月 27 日国务院印发了《打赢蓝天保卫战三年行动计划》，10 月 26 日甘肃省政府印发的《甘肃省打赢蓝天保卫战三年行动作战方案》提出到 2020 年环境空气质量改善目标任务及作战路径。对此，兰州市根据自身实际情况制定了《兰州市打赢蓝天保卫战三年行动方案》，重点从散煤监管、工业治理、尾气治理、扬尘治理、技防应用、科学分析、量化问责 7 个方面开展工作，通过不断发力、科学精准推进大气污染防治工作。

第 12 章　平凉市：生态立市，发展绿色经济

党的十八大以来，甘肃省平凉市将“绿水青山就是金山银山”的理念融入经济社会发展中，确立生态立市战略，绘就水绿山青的发展底色，布局“生态+”发展格局。有着“陇东明珠”美称的平凉市，近几年在绿色发展上不断增添着新的亮丽名片——“国家级生态示范区”。平凉市内泾川、灵台、崇信、华亭、庄浪、静宁县分别获得“全国林业生态建设先进县”“全国绿色名县”“全国绿化模范县”“国家园林县城”“全国水土保持生态建设示范县”“全国经济林建设先进县”称号；有 11 个乡镇获得国家级“生态乡镇”称号，56 个乡镇获得省级“生态乡镇”荣誉，174 个行政村被命名为省级“生态村”，138 个单位获得“四绿”创建单位称号。抓好环境保护、打造秀美山川、推进绿色发展是平凉市崛起于甘肃东部的最大优势。平凉市将“生态立市”理念融入经济社会发展之中，全面落实最严格的环境保护制度，逐步构建生态有机的农业体系、休闲养生的旅游业体系、安全环保的工业体系、集约高效的服务业体系，环保与发展、生态与经济“琴瑟和鸣”，美丽陇原的“平凉样板”初露峥嵘。

12.1　生态立市，引领绿色发展

碧绿的山，清澈的水，蔚蓝的天。城市，高楼鳞次栉比，路面宽阔整洁；农村，青山环绕村庄，绿树掩映农户。如今的平凉，“生态城镇”“生态乡村”“生态农业”“生态工业”已不再是概念符号，而是实实在在成为推进经济社会又好又快发展的新引擎。

平凉市作为西部欠发达地区，发展是第一要务；作为陇东黄土高原丘陵沟壑水土保持生态功能区，保护是第一责任；作为国务院确定的传统能源化工基地和

甘肃省陇东煤电化能源基地，平凉市经济发展对能源消耗依赖程度较高，节能降耗、环境保护的任务非常艰巨。

平凉市第三次党代会以来，通过一系列生态环境保护法律法规的实施和工作措施的落实，有效地解决了一大批群众关注、影响人民群众身体健康的突出环境问题，社会各界已经开始从过去的“盼温饱、求生存”转变为现在的“盼环保、求生态”，人民群众对清新空气、清澈水体、清洁土壤、优美环境方面的要求越来越高，经济社会发展、民计民生改善、生态环境良好已成为全市广大干部群众追求美好生活的目标和共识。

2011 年 12 月，平凉市第三次党代会立足全市经济社会基础条件和长远发展实际，在获得“国家级生态示范区”命名的基础上，做出了建设国家级生态市的决策部署。2012 年 4 月，平凉市创建国家级生态市的请示得到环境保护部的批复。2013 年 5 月，平凉市委、市政府再次召开动员部署会议，全面安排部署国家级生态市创建工作。2016 年 3 月，平凉市将创建国家级生态市提档升级为建设国家生态文明示范市（县）。同年 10 月，平凉市第四次党代会把建设国家生态文明示范市作为推动绿色发展、建设生态文明的重点任务和战略平台，提出了新的建设目标和工作任务。平凉市委、市政府制定出台了《平凉国家生态文明建设示范市建设方案》，聚焦重点、聚力突破、补齐短板，全面推动创建工作。

在平凉市委、市政府的坚强领导下，平凉市各级各部门大力开展了生态空间、生态经济、生态环境、生态生活、生态城市、生态制度、生态文化七大创建活动，生态文明建设示范创建工作实现了效应最大化。

12.2 铁腕治污，呵护碧水蓝天

喝上更干净的水、呼吸更清洁的空气、享受更良好的环境，是平凉市群众的热切期盼。近两年，“平凉蓝”这一新词汇开始在市民游客的微信、微博里流行起来。“平凉蓝”的背后，实际上就是令人羡慕的清新空气。2016 年，平凉城区空气优良天数达到 310 天，比上年同期增加了 20 天。

万事民为先。确立以人民为中心的发展思想，是以习近平同志为核心的党中央向全国人民做出的郑重承诺。着眼于改善民生、提高全市人民幸福感，是平凉创建全国生态文明示范市的出发点和落脚点，也是市委、市政府向广大人民群众做出的郑重承诺。标注着平凉空气质量的曲线，拉动的实际上是所有平凉人的幸福指数。而空气质量稳定向好，则得益于平凉市持续不断的治理。

平凉市以中心城区大气污染防治和涉气企业污染治理为重点，全面落实《平凉市大气污染防治行动计划工作方案》和年度工作计划要求，深入开展建筑工地扬尘和道路扬尘、餐饮油烟、机动车尾气、涉气工业企业烟（粉）尘污染治理。平凉中心城区全面实施了热电联产集中供热和分散燃煤小锅炉清洁化改造工程，拆除燃煤锅炉302台，对供热管网覆盖不到区域的42台燃煤小锅炉全部进行了清洁化改造，仅此每年可减少因燃煤锅炉排放烟尘排放量2.5万吨、二氧化硫排放量8 500吨，二氧化碳排放量63万吨，中心城区环境空气质量明显改善。

在大气污染治理中，平凉市政府严格落实“管行业必须管环保”的工作要求，成立了由市委副书记、市长任组长的综合督查组和由9名副市长任组长的专项督查组，一级抓一级，层层抓落实，市长抓总、副市长抓分管行业和系统的污染治理工作已成为新常态。全市真正形成了政府主导、部门主抓、企业主体、社会组织和公众全员参与的污染治理体系，真正落实了各级政府环境保护工作责任。

环保部门认真履行综合协调和统一监管职能，将大气污染防治的37项重点工作任务全部细化到市（县）人民政府和13个职能部门。市环保局由7名领导带队，成立专项督查组，坚持每月对中心城区扬尘、餐饮油烟、机动车尾气、突出污染点源及网格化管理措施落实情况进行现场督查，对发现的问题依法查处或进行留痕化移交。住建部门严格落实施工场地“六个百分之百”扬尘管控措施。环卫部门在中心城区14条道路124个路段进行清扫喷洒全天候保洁。公安部门依法对中心城区实行黄标车限行和无标车禁行。城管执法部门严厉打击在“禁燃区”乱摆烧烤摊点、乱放烟花爆竹行为。食药监部门督促所有产生油烟污染的餐饮业安装高效油烟净化装置并使用清洁能源。质监、能源、工商部门联合作战，对城区散煤和煤质进行严格管控，依法取缔散煤经营摊点，建设清洁煤专营市场和二级配送网点。全市实施火电机组脱硫脱硝改造、城市生活污水处理厂、热电联产集中供热工程、城市生活垃圾处理等减排项目380个，连续3年完成省政府下达的总量减排任务，重点生态环保项目建设治污减排效益显现。

在水污染治理方面，平凉市政府出台了《平凉市水污染防治工作实施方案》，将污水管网全覆盖、污水全收集全处理列入为民要办的实事，持之以恒抓落实。制定了泾河、汭河、达溪河、葫芦河、水洛河控源减污达标整治工作方案，依法依规排查治理入河排污口180个，依法取缔或关闭河道非法砂场及疏浚点155处，建成生态拦水溢流堰8座，形成河道水域面积200亩、河道湿地1 380亩，完成了平凉宝马纸业公司废水碱回收等52个工业废水处理工程和152个规模化畜禽养殖污染治理项目，实现了污染物稳定达标排放。对平凉中心城区“八沟一河”进行治理，彻底消除了城市黑臭水体。狠抓城市集中式饮用水水源地规范化建设，全面落实保护措施，彻底消除饮用水安全隐患。

农村环境保护事关全面建成小康社会的成败，事关市民“菜篮子”是否安全。近年来，平凉市以农村环境综合整治为抓手，全面实施了以“一线四片十四个点”为重点的农村环境综合整治项目，解决了175个项目村生活垃圾和污水收集处理、畜禽养殖污染治理等突出环境问题。同时，加大农村面源污染和垃圾污水治理力度，努力改善村庄人居环境，全市共抓建六县县城和小城镇市列城乡一体化试点乡镇21个，建成美丽乡村51个、新农村示范村506个、环境整洁村851个，城镇化率提高到38.97%，农村群众人人关心、支持、参与环保的良好氛围逐渐形成。

2012年以来，市（县、区）因环保工作职责履行不到位约谈128人，问责56人，市（县、区）环保部门共查处环境违法问题507起，其中依法查封违法企业21家，责令停产整治“散乱污”企业106家，限产治理9家，按日连续处罚3家，移送公安机关行政拘留13起18人；向县（区）政府下发环境监察建议书46件，依法约谈地方政府及有关部门和企业负责人20人（次），实施市级挂牌督办59家，责令停止违法建设项目30个，有力地打击和遏制了破坏生态环境、非法排放污染环境的行为。

经过几年的不懈努力，平凉市生态环境质量稳定好转，城乡环境优美，天更蓝、水更清、山更绿、景更美，绿色开放幸福美好新平凉建设取得显著成效。

12.3 转型升级，“能源市”再起航

平凉市华亭县是享誉西北的“煤都”。这个以煤为主的工业主导型县份，生态环保工作面临污染防治和生态修复的双重压力，“早转型早主动，资源型城市只

有走绿色发展的路子，才能走出一条可持续发展之路”成为华亭县干部群众的共识。将煤炭产品、工业原料和工业“三废”吃干榨净，实现资源最大化利用，是企业实施循环化发展的必由之路。

在制定经济社会发展规划、实施重大建设项目的同时，平凉市以壮士断腕的决心和勇气，依法科学决策，优先考虑生态环境承载力和环保法律法规要求，坚守生态红线，做到保护优先。平凉市加强分类指导，实行动态管理，制定了《国家生态文明示范市建设方案》，分解靠实年度目标任务，出台了《重点生态功能区县域生态环境质量考核办法等制度机制》，突出了考核指标导向性和约束性。

结合资源型城市煤电化产业发展的实际，平凉市环保局提出所有新建的煤电化冶工程项目，要切实做到“三个必须”、达到“一个目标”，即必须严格遵守环保相关法律法规，必须采用同行业先进的环保设备，必须确保污染物达标排放，真正达到绿色发展、循环发展、安全发展的目标。

转型升级使产业结构不断得到优化。近年来，平凉市组织实施产业和结构调整、技术升级和改造等重点工业项目 446 项，累计完成投资 489 亿元。传统产业提升改造步伐加快，新型建材、农产品加工、装备制造等传统产业发展层次和集群化水平不断提升，非煤产业在全市工业中的比重 5 年提高了 10.7 个百分点。战略新兴产业迈出新步伐，以光伏发电、半导体碳纤维复合材料、胶原蛋白肽等项目为代表的战略新兴产业实现了高点起步，新兴产业完成工业增加值 1.4 亿元，占全市工业增加值的比重达 3%，提高 2.8 个百分点，较好地实现了经济发展与环境保护的双赢。

12.4 绿水青山就是金山银山

生态优势促旅游惠民生，既能保住绿水青山，也能获得金山银山。2018 年国庆、中秋双节假期，平凉市共接待游客 117.8 万人次，旅游收入达到了 6.56 亿元，分别比上年同期增长了 30.7%和 40.2%。2016 年，来平凉市观光度假养生的游客达到 1 600 万人次，实现旅游综合收入 86.9 亿元。旅游接待人数、综合收入分别是 2011 年的 3 倍和 3.4 倍。旅游、文化、商贸、餐饮服务等第三产业快速发展，增加值年均增长 12%。这份成绩单背后，不仅有自然美景的贡献，更有绿色发展理念对绿水青山的呵护。

众所周知，平凉市地处黄河中上游泾渭流域核心区，水土流失严重，生态环境脆弱，在甘肃省东部乃至黄河上中游生态安全屏障建设中占据着十分重要的地位。面对严酷的自然环境，平凉市积极寻找发展的有利条件。全市宜林荒山荒坡荒沟多，干部群众不仅绿化愿望强烈，而且有着发展生态林和经济林的传统。为此，历届市委、市政府领导以加快造林绿化，治理水土流失，改善民生为己任，咬定青山不放松，一届接着一届干，一张蓝图绘到底，先后涌现出了全国绿化先进县泾川、全国造林绿化百佳县灵台、全国梯田化模范县和全国经济林建设示范县庄浪等一批县（区）。

“保护好这一方绿水青山，给子孙后代留下一笔宝贵遗产”，这是平凉市环保工作者不变的信念，也是全市 230 万人民的心愿。为此，平凉市环保局率先启动了县域生态红线划定方案编制工作，实施了红线管控策略，按照“性质不转换、功能不降低、面积不减少、责任不改变”的原则进行严格制定和保护。全市初步划定生态红线管控面积约 2 578.118 平方千米，占全市面积的 22.926%，主要包括六盘山西部庄浪水源涵养区、关山森林水源涵养与生物多样性保护功能区、崆峒水库等主要饮用水水源地一级保护区及泄洪滞洪区、太统—崆峒山国家级自然保护区、崆峒南—崇信—灵台生态功能区等 8 个重点保护区域。同时，加强国土生态环境管控，全市受保护地区占国土面积比例达 27.3%。通过全面开展工业、能源、交通、城建、旅游、农业、矿产、水务等涉及生态环境保护的专项规划，规划环评执行率达到 80%，项目环评执行率达到 100%。

在推进国家生态安全屏障综合试验区建设中，平凉市大力实施城乡“双六”绿化工程，集中连片规划，整山、整沟、整流域推进，整合土地复垦整理、巩固退耕还林口粮田、扶贫开发、坡耕地试点、农综开发等项目，统筹实施梯田建设工程，新修梯田 103 万亩，综合治理重点小流域 87 条，水土流失治理面积达到了 1 140 平方千米。

平凉市森林面积达到了 516 万亩，比 5 年前增长了 18.9%。森林覆盖率由 1998 年的 17.98%提高到 30.9%，林草覆盖率达到 51%，治理水土流失面积 1 470 平方千米，城市人均公共绿地面积达到 7.9 平方米，中心城市的绿化覆盖率提高到了 36.98%。

平凉市经济社会发展的理念在经历了“用绿水青山换金山银山”和“既要绿水青山也要金山银山”后，已来到了“绿水青山就是金山银山”这个全新的阶段，生态文明建设已成为诠释这个时期最好的代名词。

12.5 生态农业助力农民致富

近年来，平凉市获得了手揽地理标志产品保护、绿色食品、良好农业规范和出口创汇 4 个国家认证及“中华名果”“中国苹果之乡”等 13 个大奖。2016 年，静宁县果园总面积已达 102 万亩，占耕地总面积的 62.3%，农民人均果品产业收益 5 320 元，占农民人均纯收入的 80%以上。静宁县也成为全省第一、全国闻名的苹果生产基地。“静宁苹果”名扬天下的背后，是多年来平凉坚持不懈发展生态农业的一个缩影。

平凉市是个农业大市，发展生态农业既具有良好的基础，也是区域经济发展的必经之路。现代农业在带来丰富物质产品的同时，也带来了县乡村农业生态危机，例如土壤污染、水源污染、化肥和农药的超量施用、畜禽排泄物及农业废弃物处理等难题。

平凉市崆峒区花所乡，天源农牧公司利用牛粪办起了有机肥加工厂，并且依托千头肉牛养殖小区，实现了循环农业基地，形成了牛养殖基地、青贮玉米秸秆利用、万吨生物有机肥加工生产线和生态农业园等产业链。变废为宝，“天源宝”生物有机肥销往市内各县（区）。

在静宁县，果农们依托农民专业合作社、果业技术协会建设了一批“果—沼—畜”生态示范园和有机苹果加工基地项目，人们用沼渣追肥，用沼液喷施叶面、杀虫，用沼气灯诱杀害虫，停止了对化肥的依赖，提高了土壤的有机质含量。静宁苹果在全国叫响品牌，有力地推动了生态循环经济的发展，不仅带动了果产业，而且带动了畜牧养殖业的规模化发展，有效保护了林业资源，改善了生态环境。

类似天源牧业、静宁苹果的循环经济农业在平凉还有很多。这些项目带动了产业发展，同时也注入了农耕文化元素。农村里旅游、观光项目一个接一个，民俗体验、休闲娱乐功能，为发展观光农业、乡村旅游奠定了基础，也为多元化经济注入活力，带动了当地群众脱贫致富。

林果产业的发展，带来了大地增绿和农民增收的明显变化。庄浪、静宁两个果业大县，初步实现了生态脆弱县向生态大县、梯田大县向产业大县、国家贫困县向富裕县的转变。

当国家吹响生态文明建设的号角，平凉率先实践，市（县、区）各级充分发挥区位优势，着力建设生态农业工程，走农业发展与生态环境改善相互促进的良性循环之路，逐步用现代农业技术改造传统的农业耕种模式，大力发展生态农业品牌，实施绿色生态保护工程。目前，全市认证有机食品 2 个、绿色食品 24 个、无公害农产品 134 个，完成无公害农产品产地认证 243.52 万亩。如今，平凉金果、平凉红牛、平凉牛骨髓油茶等特色农产品正逐渐成为绿色无公害农产品中的新宠跻身市场，“生态产业化”的理念流淌在农村广阔的田野中。一幅“百姓富、生态美”的绿色画卷正在平凉大地上徐徐展开。

12.6 环保理念融入市民生活

“地膜不能再乱烧了”，这是庄浪县韩店镇潘河村农民潘小林上完村里的“环保夜校”后，印象最深的知识点，“在地头烧地膜污染环境，对人体有害，对土地也不好。现在我们都把地膜收起来，交给专门的回收站处理”“都说农民没有环保意识，其实是我们不懂这些”。短短几天的课程让潘小林获益匪浅，“听了课以后我就明白了，农村的地膜、化肥、牲畜粪便都是污染源。”

绿色发展不仅仅是一个口号，它早已成为每一个平凉人的高度自觉，低碳环保理念已深入干部群众心间。

深秋时节，平凉城乡花红果硕，绿色生态园一片青翠、生态科技企业遍地开花、小区垃圾分类箱整洁如新，各种各样的生态环保元素随处可见。平凉将绿色发展的理念融入社会经济发展的脉络里，平凉人将环境保护的理念已融入日常生活的细节中。

纵然“天生丽质”，也需后天养护，从“GDP 挂帅”到“环保问政”，再到“绿色政绩”。平凉市将生态文明理念贯穿于公众宣传教育中，引导市民生活方式和消费模式向勤俭节约、绿色低碳、文明健康的方向转变，着力培养绿色学校、绿色乡村、绿色社区、环境教育基地典型，将生态文明理念渗透于经济社会生活和管理的各领域和全过程。

着眼于完善环境教育的全民性、全面性、系统性和持续性机制建设，平凉市利用水日、地球日、环境日等纪念日，组织开展“环保开放日”“环保随手拍”等一系列宣传活动，鼓励、引导民间环保组织积极、理性、有序地参与环境保护。

荣获第三届斯巴鲁生态保护奖的华亭县退休教师赵向阳，义务辅导万名小学生长期开展“未成年人生态道德教育”活动，成立全国首家“红领巾爱护动物协会”等组织，开展报告会、讨论会、知识竞赛、保护签名、制订公约、作文绘画竞赛等一系列主题鲜明、内容丰富、形式多样的生态道德教育活动，使小学生从小树立了热爱自然、爱护环境、保护生态、节约资源的意识。

近年来，为推动环保志愿活动规范化、常态化，平凉市成立了环境志愿者队伍和青少年绿色联盟，设立环保志愿服务大队和环保社团，组织环保志愿者走进绿色学校、绿色社区、绿色企业、绿色乡村、环境教育基地，将生态环境保护知识送进社区、学校、企业、农村、景区、商场。

生态烙印已遍布平凉市的山川街巷，全市上下积极践行“节约优先、保护优先”基本国策，牢固树立“生态立市、绿色发展”新理念，努力探索建立系统完整的生态文明制度体系和建设体系，走出了一条机制活、产业优、百姓富、生态美的绿色发展之路。

绿色发展新理念开始深入人心。“创新、协调、绿色、开放、共享”的新发展理念，特别是习近平总书记提出的“绿水青山就是金山银山”的新理念正在逐步变为全市广大干部群众的自觉行动，绿色发展、低碳发展、循环发展已成为全市人民的共识，经济社会发展必须与生态环境保护相协调的思想开始树立。

生态文明在经济社会发展中的战略地位进一步凸显。平凉市委、市政府始终把生态文明建设与经济建设、政治建设、社会建设、文化建设放在更加突出的位置，同安排、同落实、同考核、同奖罚，确立生态文明建设长效机制，全市生态环境质量全面改善，可持续发展能力进一步增强。

形成推动生态文明建设的制度机制。平凉市出台了《平凉市生态文明建设示范市建设工作方案》《平凉市生态环境保护工作责任规定》，形成了党委领导、政府负责、生态环境部门牵头、部门联动、全社会广泛参与的生态文明建设工作新格局，出现了生态环境质量改善与经济社会发展良性互动的局面。市、县（区）各级、各部门生态环境保护意识明显增强，各方面重视、支持环境保护工作的氛围开始形成，一大批突出环境问题得到解决，生态环境质量持续改善，环境优势凸显效应明显，生态环境保护与经济社会发展相互促进、相得益彰。

第 13 章　固原市：构筑安全屏障，探索山绿与民富双赢

固原市位于宁夏南部山区、六盘山东麓，是革命老区、民族地区、集中连片的特殊困难地区，也是我国“黄土高原—川滇”生态屏障的重要组成部分。境内六盘山是我国黄土高原的“天然水塔”，承担着陕、甘、宁三省（自治区）13 个县 180 万人口的水源供给，生态功能十分重要。近年来，固原市委、市政府认真贯彻习近平新时代中国特色社会主义思想和党的十九大精神，全面落实习近平生态文明思想，在国家、自治区的关心和支持下，坚持生态立区战略，大力推进林业重点工程建设，生态环境明显改善，固原市被确定为“国家生态文明示范工程试点市”“全国生态建设与保护示范区”和“国家园林城市”，天高云淡、绿水青山已成为固原最亮丽的名片。

13.1　坚持生态优先，始终把生态建设摆在首位

生态建设是固原市打基础、利长远、惠民生的基础性、战略性工程。历届党委、政府高度重视生态建设，一任接着一任干、一张蓝图绘到底，大力弘扬“不到长城非好汉”的精神，先后实施了天然林保护、400 毫米降水线造林绿化等一大批生态建设工程，其中退耕还林 266 万亩、小流域治理 5 841 平方千米，修整高标准旱作梯田 300 万亩，天然林保护面积 470 万亩，生态移民迁出 83 万人，退出 130 万亩土地恢复生态，初步建立了以流域为单元，山脉为骨架，山、水、田、林、路、沟综合治理，点、线、面协调配套的林草生态建设网络体系。目前，全市林业用地总面积达 668 万亩，占全市国土总面积的 42.2%，森林面积达 422 万亩，森林覆盖率由“三西”建设之初的 1.4%提高到 26.7%，林草覆盖度达 73%，

基本实现“荒山秃岭”变“绿水青山”。

13.2 坚持富民为本，以生态建设助推脱贫攻坚

固原市的贫困是水贫困，也是生态贫困。固原 60 年的发展史就是改变山河的生态建设史和摆脱贫困的脱贫攻坚史。“三西”扶贫开发就是从恢复生态入手，坚持生态和扶贫两手抓、两促进，将生态建设和产业布局向贫困村、贫困户倾斜，因地制宜地推进生态扶贫。

一是坚持生态扶贫与全域绿化相结合，优先安排贫困村、贫困户参与造林绿化。在营造林项目申报、项目储备中，优先考虑在未脱贫的贫困村中进行设计，项目实施和资金安排均向贫困村倾斜。2017 年以来，固原市完成 400 毫米降水线造林绿化 172.85 万亩，在这些造林工程中，本着“用当地的苗绿化家园，让当地的贫困户挣造林的钱”的原则，贫困户苗木收入 2.82 亿元，使用贫困户劳力 33.41 万人次，劳务收入 9 629.1 万元。这一做法得到了自治区的肯定。

二是坚持生态扶贫与生态旅游相结合，优先引导和支持贫困村、贫困户发展生态旅游业。结合全域旅游，围绕六盘山、火石寨、须弥山等重点景区，建设旅游观光“绿色环线”342 千米，优先引导、支持有条件的贫困村发展乡村生态旅游，带动贫困户脱贫致富。2016 年以来，固原乡村旅游人数超过 700 万人次，收入达 3.18 亿元。

三是坚持生态扶贫与美丽乡村建设相结合，优先将一批贫困村建设成为生态宜居乡村。按照乡村振兴的总要求和“一路一景观、一村一景点”绿化布局，大力推进美丽乡村建设。2016 年以来，沿国省道干线、旅游环线和五河流域打造建成设施完善、环境优美、生态良好的美丽宜居村庄 154 个，群众幸福感、获得感大幅提升。

四是坚持生态扶贫与产业富民相结合，优先扶持贫困村、贫困户发展林业产业。采取特色经济林、苗木及林下经济产业与精准脱贫相结合的办法，将产业布局向贫困村倾斜，因地制宜地发展林业产业，不断拓宽农民增收渠道。2016 年以来，固原市共发展苹果、红梅杏、枸杞等特色经济林 29.59 万亩，产值达 4.94 亿元；苗木销售收入 18.16 亿元；林下经济收入 6.17 亿元。

五是坚持生态扶贫与生态环境保护相结合，优先选用建档立卡贫困户转为生态保护人员。在森林资源管护、防火、抚育等项目中，优先选用建档立卡贫困户人员成为生态护林员或林业工人。全市共有生态护林员 4 470 人，落实中央补助资金 4 470 万元［1 万元/（人·年）］；安排“天保”护林员 3 000 多名，每人每月补助资金 300～800 元。通过将贫困人口转为护林员，有效带动了 7 000 多户贫困户实现了脱贫。

13.3 坚持示范带动，种出产业、种出风景、种出财富

为深入贯彻习近平总书记关于“绿水青山就是金山银山”的发展理念，按照自治区对固原市确定的“生态优先、富民为本、绿色发展”定位要求，2017 年，固原市委、市政府在深化市情认识、认真调研、论证的基础上，提出在全市开展“一棵树、一株苗、一棵草、一枝花”的“四个一”林草产业试验示范工程，通过探索试验，选准适宜各类地区的优新品种，把生态建设与脱贫富民紧密结合，种出产业、种出风景、种出财富，实现山绿与民富双赢、生态美与百姓富的有机统一。坚持规划引领，制定了《“四个一”林草产业试验示范工程战略发展规划》，确定了“一屏一带一线三区五城”和“四个融合产业”的总体布局，计划到 2022 年发展“四个一”林草产业 440 万亩、森林覆盖率提高到 30%、带动 10 万户农户长期稳定脱贫。2018 年，全市建成“四个一”林草工程示范园 39 个，总面积 2.1 万亩，引进品种 303 个；2019 年，全市建设“四个一”林草产业示范推广点 57 个，示范推广品种 86 个，面积 15.2 万亩。2018 年，全国政协主席汪洋、国务院副总理孙春兰来固原市视察时，对“四个一”工程给予了充分肯定。2019 年 6 月，第八届中国苜蓿发展大会在固原市成功举办。

在创新机制上，固原市主要采取了三种模式：一是完善运行机制。吸引社会资本，政府以奖代补，市场运作、企业主体、农户参与，鼓励农户以土地入股、劳务投入等方式参与建设；二是强化科技支撑。采取院地合作的方式，先后与中国农业科学院、北京林业大学、西北农林科技大学、福建农林大学、福建省农业科学院、宁夏农林科学院等院校合作，特聘知名专家进行技术指导，一个产业一个专家服务团队跟踪服务；三是创新发展模式。推进“前店后场+基地+农户”和

“大产业+小庭院”的模式，鼓励引导合作社、家庭农场、龙头企业作为项目实施主体，使农户、合作社、企业形成利益联结，产加销一体化。力争再用 2～3 年时间，使“四个一”工程成为固原市的特色支柱产业，为群众稳定脱贫、可持续发展提供有力保障。

附录 1
指标解释及数据来源

一、生态空间

1．生物丰度指数

生物丰度指数指评价区域内生物的丰贫程度，利用生物栖息地质量和生物多样性综合表示。具体计算方法参照《生态环境状况评价技术规范》(HJ 192—2015)。

注：“生物丰度指数”数据来源于中国环境监测总站。

2．植被覆盖指数

植被覆盖指数指评价区域植被覆盖的程度，利用评价区域单元面积归一化植被指数（NDVI）表示。具体计算方法参照《生态环境状况评价技术规范》(HJ 192—2015)。

注：“植被覆盖指数”数据来源于中国环境监测总站。

3．水网密度指数

水网密度指数指评价区域内水的丰富程度。利用评价区域内单位面积河流总长度、水域面积和水资源量表示。具体计算方法参照《生态环境状况评价技术规范》(HJ 192—2015)。

注：“水网密度指数”数据来源于中国环境监测总站。

4．土地胁迫指数

土地胁迫指数指被评价区域内土地质量遭受胁迫的程度，利用评价区域内单位面积上水土流失、土地沙化、土地开发等胁迫类型面积表示。具体计算方法参照《生态环境状况评价技术规范》(HJ 192—2015)。

注：“土地胁迫指数”数据来源于中国环境监测总站。

5．自然保护区面积占辖区面积比重

自然保护区指为了保护自然环境和自然资源，促进国民经济的持续发展，将一定面积的陆地和水体划分出来，并经各级人民政府批准而进行特殊保护和管理的区域个数。根据保护对象，自然保护区分为自然生态系统类、野生生物类、自然遗迹类。风景名胜区、文物保护区不计在内。

计算方法为

自然保护区面积占辖区面积比重=（自然保护区面积/辖区土地总面积）×100%

注：“自然保护区面积占辖区面积比重”数据来源于《中国统计年鉴》。

二、生态经济

1．能源节约

单位 GDP 能耗（吨/万元）指一定时期内，一个国家或地区每生产一个单位的国内生产总值所消耗的能源。各种能源均按国家统计局规定的折合系数折成标准煤，地区生产总值按 2012 年不变价计。

计算方法为

单位 GDP 能耗=能源消耗总量/地区生产总值（GDP）

注：“单位 GDP 能耗”数据来源于《中国统计年鉴》。

可供消费能源中非化石能源占比是指水电、风能、太阳能、生物质能、地热能、海洋能和核能等非化石能源的生产量占可供本地消费能源总量的比重，各种能源均按国家统计局规定的折合系数折成标准煤。该指标反映能源结构优化程度。

计算方法为

可供消费能源中非化石能源占比=（非化石能源生产量/可供消费能源总量）×100%

注：“非化石能源生产量”及“可供消费能源总量”通过《中国能源统计年鉴》数据统计得出，“可供消费能源中非化石能源占比”通过上述公式计算得到。

2．工业资源节约

单位工业增加值新鲜水耗（吨/万元）指在一定时期内，一个地区每生产一个单位的工业增加值所消耗的新鲜水量。工业增加值按 2012 年不变价计。

计算方法为

单位工业增加值新鲜水耗=工业用水总量（新鲜）/工业增加值

注：“工业用水总量（新鲜）”及“工业增加值”数据来源于《中国统计年鉴》，“单位工业增加值水耗”通过上述公式计算得到。

工业固体废物综合利用率指工业固体废物综合利用量占工业固体废物产生量的比值。

计算方法为

工业固体废物综合利用率=（工业固体废物综合利用量/工业固体废物产生量）×100%

注：“工业固体废物综合利用量”及“工业固体废物产生量”数据来源于《中国统计年鉴》，“工业固体废物综合利用率”通过上述公式计算得到。

3．主要污染物排放强度

主要污染物排放强度指一定时期内，一个国家或地区每生产一个单位的国内生产总值（按 2012 年不变价计）所产生的主要污染物的量，包括化学需氧量（COD）、氨氮（NH_3-N）、二氧化硫（SO_2）、氮氧化物（NO_x）、烟（粉）尘，其种类随国家相关政策实时调整。

计算方法为

COD 排放强度=COD 排放量/万元生产总值（GDP）

NH_3-N 排放强度= NH_3-N 排放量/万元生产总值（GDP）

SO_2 排放强度=SO_2 排放量/万元生产总值（GDP）

NO_x 排放强度=NO_x 排放量/万元生产总值（GDP）

烟（粉）尘排放强度=烟（粉）尘排放量/万元生产总值（GDP）

注：“COD 排放量”“NH_3-N 排放量”“SO_2 排放量”“NO_x 排放量”“烟（粉）尘排放量”及“万元生产总值（GDP）”数据来源于《中国统计年鉴》，各污染物排放强度通过上述公式计算得到。

4．化肥、农药施用强度

化肥、农药施用强度指本年内单位面积耕地实际用于农业生产的化肥、农药数量。

计算方法为

化肥施用强度=化肥施用量（折纯）/耕地面积

农药施用强度=农药施用量/耕地面积

其中化肥施用量要求按折纯量计算。折纯量是指将氮肥、磷肥、钾肥分别按含氮、含五氧化二磷、含氧化钾的100%成分进行折算后的数量。复合肥按其所含主要成分折算。

注：“化肥施用量”“农药施用量”数据来源于《中国环境统计年鉴》，“耕地面积”数据来源于《中国统计年鉴》，“化肥施用强度”“农药施用强度”通过上述公式计算得到。

三、生态环境

1．大气环境质量

地级以上城市空气质量优良天数比例指辖区环境空气质量达到或优于二级标准的天数占全年有效监测天数的比例。执行《环境空气质量标准》（GB 3095—2012）。

计算方法为

地级以上城市空气质量优良天数比例=（辖区环境空气质量达到或优于二级标准的天数/全年有效监测天数）×100%

注：“地级以上城市空气质量达到二级标准以上天数比例”数据来源于中国环境监测总站。

2．水环境质量

地表水国控断面劣Ⅴ类水质比例指评价区域内地表水国控断面中劣Ⅴ类水质断面所占的比例。

计算方法为

地表水国控断面劣Ⅴ类水质比例=（劣Ⅴ类水质断面数/地表水国控断面数）×100%

地表水国控断面水质好于Ⅲ类的比例指评价区域内地表水国控断面中水质好于Ⅲ类的水质断面所占的比例。

计算方法为

地表水国控断面水质好于III类的比例=（水质好于III类的断面数/地表水国控断面数）×100%

注："地表水国控断面劣Ⅴ类水质比例""地表水国控断面水质好于III类的比例"数据来源于中国环境监测总站。

3．水土流失及治理

水土流失面积占辖区面积比重指行政区域内发生风蚀、水蚀等水土流失现象的土地面积占辖区土地总面积的比例。

计算方法为

水土流失面积占辖区面积比重=（水土流失面积/辖区土地总面积）×100%

本年水土流失治理面积占水土流失面积比重指年内完成水土流失综合治理的面积占辖区内水土流失总面积的比重，反映一个区域对发生水土流失的土地进行恢复治理的情况。

计算方法为

本年水土流失治理面积占水土流失面积比重=（年内水土流失治理面积/辖区内水土流失总面积）×100%

注："水土流失面积"数据来源于《全国水利普查水土保持情况公报》，"水土流失治理面积"数据来源于《中国水利统计年鉴》，"水土流失面积占辖区面积比重"及"水土流失治理面积占水土流失面积比重"由以上公式计算得到。

矿山地质环境恢复治理率指对矿业开采占用、毁坏的土地进行复垦、地面塌陷治理、还林、还草、建设使用等的面积，占用、毁坏面积的比率。

注："矿山地质环境恢复治理率"数据来源于《中国国土资源统计年鉴》。

4．生态足迹/生物承载力

生态足迹指的是用来提供人类使用的可再生资源的生物生产性土地和渔业用地面积，并且包括建设用地和吸收人类活动产生的二氧化碳用地。评价的是人类对生态系统供给可再生资源（包括食物、木材、纤维、生物质燃料）与吸收二氧化碳废弃物这两大类生态服务的需求程度。

生物承载力指具有生物生产力的能提供可再生资源和吸收二氧化碳的陆地和渔业用地面积的总和。

注：“生态足迹”及“生态承载力”数据来源于《中国生态足迹报告》。

5．环境突发事件

环境突发事件指突然发生，造成或可能造成重大人员伤亡、重大财产损失和对全国或者某一地区的经济社会稳定、政治安定构成重大威胁和损害，有重大社会影响的涉及公共安全的环境事件。

注：“环境突发事件”发生次数及级别数据来源于《中国环境统计年鉴》。

四、生态生活

1．城镇人居环境

城市污水处理率是指城市污水处理量占城市污水排放量的比重。有关标准及要求参照《城镇污水处理厂污染物排放标准》（GB 18918—2002）。

计算方法为

城市污水处理率=（城市污水处理量/城市污水排放量）×100%

注：“城市污水处理率”数据来源于《中国环境统计年鉴》。

城市生活垃圾无害化处理率指城市生活垃圾无害化处理量占生活垃圾清运量的比值。城市生活垃圾无害化处理有关标准及要求参照《生活垃圾焚烧污染控制标准》（GB 18485—2001）、《生活垃圾填埋污染控制标准》（GB 16889—2008）等执行。

注：“城市生活垃圾无害化处理率”数据来源于《中国环境统计年鉴》。

建成区绿化覆盖率（%）指报告期末建成区内绿化覆盖面积与区域面积的比率。

注：“建成区绿化覆盖率”数据来源于《中国统计年鉴》。

2．农村人居环境

农村无害化卫生厕所普及率指使用卫生厕所的农户数占农户总户数的比例。卫生厕所标准执行《农村户厕卫生标准》（GB 19379—2012）、联合国千年发展目标、《国务院关于印发中国妇女发展纲要和中国儿童发展纲要的通知》（国发〔2011〕24 号）。

注：“农村无害化卫生厕所普及率”数据来源于《中国环境统计年鉴》。

农村饮用水安全人口占比指满足农村饮水基本安全标准的农村地区人口数

占农村年末常住人口总数的比例。农村饮水包括农村居民餐饮、洗涤及散养畜禽等日常生活用水，按照水利部、卫生部联合下发的《关于印发农村饮用水安全卫生评价指标体系的通知》的要求，农村饮用水安全主要采用水质、水量、取水方便程度以及供水保证率 4 项指标进行评价，并对 5 类地区分安全饮水和基本安全饮水两个档次设置标准，只有当上述 4 项指标均达到饮水安全标准的人口，才算饮水安全达标人口。

注："农村饮用水安全人口"数据来源于《中国水利统计年鉴》，"农村总人口数"数据来源于《中国环境统计年鉴》，"农村饮用水安全人口占比"由以上公式计算得出。

秸秆焚烧是指将农作物秸秆用火烧从而销毁的一种行为。秸秆焚烧污染空气环境，危害人体健康。现在通常禁止秸秆焚烧。

注：各省（自治区、直辖市）秸秆焚烧火点数量及地址（是否在禁烧区）资料来源于生态环境部网站。

3．居民生活行为

公众绿色出行情况指以公共交通客运总量与人口总数的比值反映公众的绿色出行情况。

注："公共交通客运总量"与"地区人口总数"数据来源于《中国统计年鉴》。

人均日生活用水量（L/人）指每一用水人口平均每天的生活用水量。本定义是指使用公共供水设施或自建供水设计供水的，城市居民家庭日常生活使用的自来水。其具体含义为用水人是城市居民，用水地是家庭，用水性质是维持日常生活使用的自来水。

计算方法为

人均日生活用水量=生活用水总量/用水人口总数

注："人均日生活用水量"数据来源于《中国环境统计年鉴》。

五、生态文化

1．公众对生态环境的满意率

公众对生态环境的满意率指公众对其生产、生活环境的满意度以及对环境保护工作的评价。调查对象统计年龄、学历、职业、性别等基本情况，以充分体现调查结果的代表性。

注：中国生态文明研究与促进会联合腾讯科技有限公司开展的网络“公众对生态环境的满意率”调查结果。

2．公众生态文明知识知晓度

公众生态文明知识知晓度指资源节约、污染防治、生态保护、全球及区域环境问题、可持续发展等生态文明知识在公众中的普及程度。通过调查综合反映学校教育、科学普及、公众媒体等的相关宣传教育效果。调查对象统计年龄、学历、职业、性别等基本情况，以充分体现调查结果的代表性。

注：环境保护部 2015 年全国生态文明宣传教育工作绩效评估结果，以及中国生态文明研究与促进会联合腾讯科技有限公司开展的网络“公众生态文明认知度”调查结果。

3．环境信息公开

根据原环境保护部《省级环保厅（局）政府网站绩效评估指标体系及评分细则》（以下简称《评分细则》），从主动公开信息、依申请公开信息、信息公开目录、信息公开制度、信息可用度等方面评测信息公开的覆盖面、时效性、准确性和规范性。其中，主动公开信息包括机构职能、财政、人事、环境质量、环境业务等；依申请公开信息包括依申请公开渠道建设、依申请公开应用实效等；信息公开目录的考核主要关注目录规范性、目录更新情况及目录有效性；信息公开制度主要关注信息公开制度、信息公开指南、信息公开年度报告；信息可用度主要用于考评政府环境网站信息的可用程度，关注网站信息公开的效果。信息可用度主要涉及用户访问网站的体验，因此对该项指标的评估主要是从用户的角度衡量网站所公开信息是否容易查找、浏览，信息内容页是否完整、规范等。《评分细则》详细规定了指标的评分标准及打分依据。

注：“省级环保厅（局）政府网站信息公开情况”数据来源于生态环境部信息中心。

六、生态制度

1．国家级生态文明建设相关创建比例

国家级生态文明建设相关创建比例目前指各地区完成创建生态建设示范区、

国家环境保护模范城市、中国人居环境奖城市、国家卫生城市、国家园林城市、国家节水型城市的比例，反映各地生态文明建设工作的力度与水平。

注：数据来源于国家公开发布的创建名单。

2．生态保护与治理投资

环境污染治理投资总额占 GDP 比重是指用于环境污染治理、生态保护与建设投资（含社会投资部分）占当年国内生产总值的比例。投资类型以国家统计局统计口径计算。

计算方法为

$$\text{环境污染治理投资总额占 GDP 比重}=\frac{\text{生态环保投资}}{\text{地区生产总值（GDP）}}\times 100\%$$

注：“环境污染治理投资总额占 GDP 比重”数据来源于《中国环境统计年鉴》。

林业生态建设与保护投资占林业产业总值的比重指用于造林、更新、森林抚育、野生动植物保护及自然保护区、湿地恢复与保护、森林生态效益补偿及其他生态建设与保护的投资占林业产业总值的比重。

注：“林业生态建设与保护投资”及“林业产业总值”数据来源于《中国林业统计年鉴》。

地方财政环保支出占财政总支出的比重指地方用于环境保护的财政支出占财政总支的比重。

注：“地方财政环保支出”及“地方财政总支出”数据来源于《中国统计年鉴》。

附录 2
西部地区生态文明大事记

2018 年 1 月 12 日，青海省人民政府办公厅印发了《青海省“十三五”环境保护规划》，确定维护国家生态安全屏障、全面推进达标排放与污染减排等 6 项主要任务，提出组织实施、资金投入、技术支撑 3 个方面保障措施，争取到 2020 年，生态环境质量总体向好，生态文明制度体系基本建立。

2018 年 3 月，内蒙古自治区环境保护厅发布了《内蒙古自治区环境信息化“十三五”规划》，总结了“十二五”环境信息化的工作成效和发展趋势，确立了到 2020 年建立全区统一的环境信息化基础保障体系，提高环境信息化水平等总体目标，并落实组织领导、资金投入、基础能力、体制机制、科技创新、合作交流等方面的保障措施，推动基础保障体系工程等 10 个重点工程建设。

2018 年 6 月 12 日，甘肃省生态环境厅发布了关于印发《2018 年全省生态环境监测工作方案》的通知，方案包括空气质量、水环境质量、土壤环境质量、污染源监督监测范围、项目、工作方式、数据报送等监测细节，深化环境监测改革，落实推进生态环境监测工作，全面完成各项监测任务。

2018 年 6 月 15 日，广西壮族自治区委员会办公厅发布《广西壮族自治区生态环境损害赔偿制度改革实施方案》的通知，进一步明确了生态环境损害的赔偿范围、责任主体、索赔主体、损害赔偿解决途径，形成相应的鉴定评估管理和技术力量、资金保障和运行机制，推进生态文明建设。

2018 年 7 月 8 日，生态文明贵阳国际论坛 2018 年年会圆满闭幕，年会发布了《2018 贵阳共识》，论坛以“走向生态文明新时代：生态优先　绿色发展”为主题，来自世界各国的参会代表探讨了生态文明领域前瞻性、趋势性、务实性的话题，为推动全球生态文明建设和可持续发展献计献策。

2018 年 8 月 1 日，广西壮族自治区人民政府办公厅发布了《关于印发广西生态环境保护基础设施建设三年作战方案（2018—2020 年）的通知》，坚决打赢污染防治攻坚战，加强生态环境保护基础设施建设，进一步改善全区城乡人居环境。

2018 年 8 月 3 日，西藏自治区生态环境保护大会在拉萨召开。这次大会是西藏自治区生态文明建设和生态环境保护发展历程中规格最高、规模最大、影响最广、意义最深远的生态环境保护会议。会议总结了党的十八大以来西藏自治区生态环境保护工作，分析西藏自治区生态文明建设面临的新形势、新任务，对加强生态环境保护、打好污染防治攻坚战做出全面部署。

2018 年 9 月 27 日，新疆维吾尔自治区人民政府办公厅印发了《自治区打赢蓝天保卫战三年行动计划（2018—2020 年）》，确定了新疆 2018—2020 年 3 年的大气污染防治工作的总体要求、主要任务和保障措施；要求对重点区域颗粒物、二氧化硫、氮氧化物、挥发性有机物实施大气污染物特别排放限值，推进实施钢铁等行业超低排放改造。

2018 年 9 月 28 日，陕西省第十三届人民代表大会常务委员会第五次会议通过《陕西省气候资源保护和利用条例》，有效保护和合理利用气候资源，满足公众对优美生态环境的需要，促进生态文明建设和经济高质量发展，确定了气候资源的保护和利用以及相关的法律责任。

2018 年 12 月 4 日，云南省生态环境厅印发了《云南省生态环境监测质量监督检查三年行动计划（2018—2020 年）》，指出到 2020 年，打造一支作风优良的生态环境监测队伍，健全生态环境监测数据质量保障责任体系，严厉打击不当干预生态环境监测的行为，有效遏制生态环境监测机构、运维公司和排污单位数据弄虚作假问题，营造依法监测、科学监测、诚信监测的环境和氛围。

2018 年 12 月 26 日，西藏自治区发展改革委发布了《西藏自治区“十三五”时期应对气候变化规划》，分析了西藏地区“十三五”时期应对气候变化的形势和挑战，确定了此后 5 年的目标要求，力争到 2020 年全区适应气候变化能力、控制温室气体排放水平和应对气候变化工作基础均得到显著提升。

2019 年 1 月 8 日，青海省住房和城乡建设厅、青海省生态环境厅印发了《青海省城市黑臭水体治理攻坚战实施方案》，方案从巩固治理成果，防止新发城市黑臭水体、建立健全长效机制、强化保障措施等方面提出具体实施方案，坚决打好城市黑臭水体治理攻坚战，有效改善城市水环境质量，构建和谐宜居的城市水生态。

2019 年 1 月 11 日，贵州省人民政府印发了《贵州省饮用水水源环境保护办法》，为加强饮用水水源环境保护，保障饮用水安全，维护人民群众生命安全和健康，办法规定了饮用水水源保护区划定、饮用水水源污染防治和饮用水水源环境保护监督管理。

2019 年 1 月 28 日，陕西省生态环境厅印发了《全省生态环境系统服务经济高质量发展的若干措施》，从 7 个方面充分发挥生态环境保护职能作用，服务陕西经济高质量发展。

2019 年 2 月 15 日，陕西省生态环境厅在西安召开 2019 年全省生态环境保护工作会议，会议总结了 2018 年的工作，强调污染防治是攻坚战，生态文明则是持久战。会议确定了 2019 年聚焦五大领域，服务高质量发展和乡村振兴等 4 项基本任务。

2019 年 3 月 5 日，中共中央总书记、国家主席、中央军委主席习近平在参加十三届全国人大二次会议内蒙古代表团审议时强调，党的十八大以来，我们党关于生态文明建设的思想不断丰富和完善。在“五位一体”总体布局中生态文明建设是其中一位，在新时代坚持和发展中国特色社会主义基本方略中坚持人与自然和谐共生是其中一条基本方略，在新发展理念中绿色是其中一大理念，在三大攻坚战中污染防治是其中一大攻坚战。这“四个一”体现了我们党对生态文明建设规律的把握，体现了生态文明建设在新时代党和国家事业发展中的地位，体现了党对建设生态文明的部署和要求。他强调，保持加强生态文明建设的战略定力，探索以生态优先、绿色发展为导向的高质量发展新路子，加大生态系统保护力度，打好污染防治攻坚战，守护好祖国北疆这道亮丽的风景线。

2019 年 3 月 17 日，云南省人民政府办公厅发布了《关于加强长江水生生物保护工作的实施意见》，主要任务是加强水生生物资源保护、开展水生生态修复、加强生境保护、完善生态补偿、推进水产健康养殖、强化执法监管、强化科技支撑，切实抓好金沙江云南段水生生物保护工作。

2019 年 4 月 26 日，青海省生态环境厅、青海省交通运输厅发布关于印发《青海省废铅电池集中收集和跨区域转移制度试点实施方案》的通知，规定了试点范围和时限，全面规范废铅蓄电池收集、贮存和转移全过程，提高全省废铅蓄电池环境监管水平，形成较为成熟的废铅蓄电池收集、贮存、转移管理制度，到 2020 年，全省废铅蓄电池规范回收率达到 40%以上。

2019 年 5 月 23 日，四川省第十三届人民代表大会常务委员会第十一次会议通过《四川省沱江流域水环境保护条例》，保护和改善沱江流域水环境，明确各地方政府的监督管理，防治水污染、保护饮用水水源、注重沱江流域水环境的生态保护，并明确违规行为的法律责任。

2019 年 5 月 30 日，青海省生态文明建设领导小组综合及工程办公室发布了《青海省生态文明先行示范区建设 2019 年度工作要点》，确定建立生态文明先行示范区的重点任务、责任分工和工作要求，加快推进生态文明建设的总体工作部署，确保 2020 年青海省生态文明先行示范区建设目标的全面完成。

2019 年 6 月 4 日，陕西省生态环境厅发布了《2018 年陕西省生态环境状况公报》，公报公布了环境空气质量、水环境质量、声环境质量、辐射环境质量、生态环境质量 5 个方面的环境指数，空气质量平均优良率为 66.5%；全省河流Ⅰ～Ⅲ类水质断面占比较上年上升 13.8 个百分点，Ⅳ～Ⅴ类水质断面占比较上年下降 11.9 个百分点；全省道路交通声环境质量保持稳定；辐射环境质量总体良好，全省生态环境状况指数（EI）为 61.94，生态环境质量为“良”。

2019 年 6 月，宁夏回族自治区生态环境厅、自治区自然资源厅、住房和城乡建设厅、水利厅、气象局、林业和草原局等 10 个部门联合发布了《2018 年宁夏回族自治区生态环境状况公报》，总结 2018 年宁夏回族自治区在大气污染防治、水污染防治、土壤污染防治、噪声污染防治、辐射安全、生态环境保护等方面取得的成绩。

2019 年 6 月 18 日，内蒙古自治区发展和改革委员会发布《内蒙古自治区口岸“十三五”发展规划》，提出建设配套的环境保护系统，在提高环境效益（或生态效益）的同时，为经济系统提供较多的自然资源，为提高经济效益创造资源条件，减少疾病的危害，从而提高社会效益。

2019 年 7 月 28 日，重庆市生态环境局、重庆市发展和改革委员会、重庆市经济和信息化委员会等 8 部门印发了《重庆市柴油货车污染治理攻坚战暨交通大气污染防治行动方案》，实施清洁柴油车攻坚行动、清洁柴油机攻坚行动等，切实加强交通大气污染防治，坚决打好柴油货车污染治理攻坚战和打赢蓝天保卫战，促进大气环境质量持续改善。

2019 年 9 月 10 日，青海省发展和改革委员会印发了《关于创新和完善促进绿色发展价格机制的实施意见》，意见指出要完善污水处理收费政策、健全固体废物处理收费机制、建立有利于节约用水的价格机制、健全促进节能环保的电价机制、完善促进绿色清洁能源利用的天然气价格机制，协同推进生态环境保护和资源节约，更好地发挥价格杠杆引导资源优化配置的作用，推动形成绿色发展空间格局、产业结构、生产方式和生活方式。

2019 年 9 月 24 日，甘肃省生态环境厅发布了《甘肃省生态环境系统行政执法信息公示实施办法》，适用于甘肃省生态环境部门行政执法的公示工作，以规范和监督行政执法行为，促进行政执法公开透明，维护公民、法人和其他组织的合法权益，建立和实施行政执法信息公示制度。

2019 年 9 月 26 日，贵州省生态环境厅办公室印发《贵州省生态环境保护失信黑名单管理办法》，确定了黑名单认定总则、标准、管理和惩戒，以加强环境信用体系建设，加快建立环境“守信激励、失信惩戒”机制，督促企业持续改进环境行为，自觉履行环境保护法律义务和社会责任。

2019 年 9 月 27 日，陕西省第十三届人民代表大会常务委员会第十三次会议第二次修订了《陕西省秦岭生态环境保护条例》，加强秦岭地区植被保护、水资源保护、生物多样性保护；以矿产资源、交通基础设施建设、城镇乡村建设、旅游开发等建设性活动进行生态环境保护，以保护秦岭生态环境，改善秦岭在调节气候、保持水土、涵养水源和维护生物多样性等方面的生态功能。

2019 年 10 月 9 日，宁夏回族自治区生态环境厅发布《宁夏回族自治区生态环境损害赔偿磋商办法(试行)》，确定了生态环境损害的 8 项制度和专家库政策，针对发生生态环境损害事件后如何启动生态环境损害赔偿工作制定的程序性制度，从报告、调查取证、鉴定评估、磋商、修复、起诉、资金管理、信息公开等工作程序上做了详尽的规定，便于提高开展损害案件办理工作的可操作性。

2019 年 10 月 12 日，西藏自治区发布了《西藏自治区“十三五”时期生态环境保护规划》，计划严控能源损耗，到 2020 年，清洁低碳能源消费比重超过 55%，非化石能源占一次能源消费比重提高到 45%以上，万元工业增加值用水量较 2015 年显著下降，农业灌溉水有效利用系数达 0.45 以上；推进绿色低碳循环发展，提高全民生态文明意识，推进生态文明示范创建，维护优良环境质量，加强环境风险防控，构建西藏生态安全保障。

2019 年 10 月 15 日，新疆维吾尔自治区生态环境厅、财政厅联合发布了《新疆维吾尔自治区环保专项资金激励措施实施办法（试行）》，对上一年环境治理工程项目推进快、生态环境质量明显改善的地市给予财政奖励，充分调动各地（州、市）的工作积极性，促进区域、流域生态环境质量改善。

2019 年 10 月 18 日，贵州省生态环境厅发布关于印发《贵州省生态环境保护修复办法（试行）》的通知，规定了 21 条有关生态环境损害修复的权责、方案、赔偿等的办法，以加快贵州省的生态文明建设。

2019 年 10 月 30 日，广西壮族自治区发展和改革委员会、工业信息化厅和生态环境厅下达 2019 年广西煤电超低排放和节能改造目标任务的通知，要求全面实施燃煤电厂超低排放和节能改造工作。

2019 年 10 月 30 日，重庆市生态环境局核安全处发布了《重庆市辐射污染防治“十三五”规划（修订稿）》，分析了重庆市核与辐射安全监管现状及面临的形势，强调了核污染防治的主要任务和重点工程项目，深入贯彻“理性、协调、并进”的国家核安全观，强化核与辐射安全监管体系和能力建设，实现辐射安全监管体系和监管能力现代化，确保核与辐射安全。

2019 年 11 月 25 日，青海省生态文明建设处发布关于印发了《青海省贯彻落实建立市场化、多元化生态保护补偿机制行动计划的实施方案》的通知，预计到 2020 年，全省市场化、多元化生态保护补偿机制初步建立；到 2022 年，市场化、多元化生态保护补偿水平明显提升，生态保护补偿市场体系进一步完善，生态保护者和受益者互动关系更加协调，为全省推动“一优两高”战略、筑牢国家生态安全屏障提供有力支撑。

2019 年 12 月 29 日，青海省生态环境厅、青海省自然资源厅印发了《青海省建设用地土壤污染风险管控和修复名录》，确定了 6 个需要进行土壤污染风险管控和修复的地块，要求相关市（州）生态环境局、自然资源（规划）局监督土壤污染责任人、土地使用权人，对列入名录且未达到土壤污染风险评估报告确定的风险管控、修复目标的建设用地地块，禁止开工建设任何与风险管控、修复无关的项目。

2020 年 1 月 4 日，《宁夏回族自治区水污染防治条例》经宁夏回族自治区第十二届人大常委会第十七次会议审议通过，决定于 2020 年 3 月 1 日开始正式实施，旨在落实自治区生态立区战略，强化黄河流域宁夏段生态环境保护，依法治理水污染，保护水环境。

2020 年 1 月 19 日，甘肃省生态环境厅下达了《2020 年污染防治攻坚专项资金投资计划》的通知，明确污染防治攻坚专项资金额达 3 000 万元，计划通过实施 14 个市（州），兰州新区大气、水、土壤污染防治以及重点工程减排工程，改善生态环境质量。

2020 年 5 月 17 日，中共中央、国务院发布了《关于新时代推进西部大开发形成新格局的指导意见》（以下简称《意见》）。《意见》要求，确保到 2020 年西部地区生态环境、营商环境、开放环境、创新环境明显改善，与全国一道全面建成小康社会；到 2035 年，西部地区基本实现社会主义现代化，基本公共服务、基础设施通达程度、人民生活水平与东部地区大体相当，努力实现不同类型地区互补发展、东西双向开放协同并进、民族边疆地区繁荣安全稳固、人与自然和谐共生。